在线分析样品处理技术

主　编◆王　森　钟秉翔

副主编◆柏俊杰　聂　玲　辜小花

参　编◆曾钊伟　杨　波　杨君玲

重庆大学出版社

内容提要

本书主要介绍了在线分析样品处理技术的基本知识、常用技术术语、样品处理系统设计的基本要求。重点介绍了样品取样、传输、处理和排放技术,样品处理系统的安装、测试和样品传送滞后时间计算,分析小屋和分析仪系统的设计和施工技术,同时列举在线分析系统工程文件和图纸,给出工程文件示例。

本书可以作为仪器仪表、化工、冶金、环保、石油与天然气工程等领域的研究生或本科生的课程教材,也可以作为流程工业和环保行业的在线分析仪器及系统使用维护、工程设计、选型采购和安装施工人员,以及在线分析仪器生产厂家研制、维修和营销人员等的参考用书。

图书在版编目(CIP)数据

在线分析样品处理技术/王森,钟秉翔主编. -- 重

庆:重庆大学出版社,2021.3(2024.7 重印)

ISBN 978-7-5689-2550-1

Ⅰ.①在… Ⅱ.①王… ②钟… Ⅲ.①分析化学—高

等学校—教材 Ⅳ.①O65

中国版本图书馆 CIP 数据核字(2021)第 022763 号

在线分析样品处理技术

主 编 王 森 钟秉翔

副主编 柏俊杰 聂 玲 辜小花

参 编 曾钊伟 杨 波 杨君玲

责任编辑:杨粮菊 苟荟羽   版式设计:杨粮菊

责任校对:关德强   责任印制:张 策

*

重庆大学出版社出版发行

出版人:陈晓阳

社址:重庆市沙坪坝区大学城西路 21 号

邮编:401331

电话:(023)88617190   88617185(中小学)

传真:(023)88617186   88617166

网址:http://www.cqup.com.cn

邮箱:fxk@ cqup.com.cn(营销中心)

全国新华书店经销

POD:重庆新生代彩印技术有限公司

*

开本:787mm×1092mm   1/16   印张:9   字数:227 千

2021 年 3 月第 1 版   2024 年 7 月第 2 次印刷

ISBN 978-7-5689-2550-1   定价:39.80 元

前　言

　　在线分析仪器及系统在石油、化工、天然气、冶金等行业中应用非常广泛,极大地提高了生产过程的安全系数和生产效率,使产品质量得到了保证。近年来,随着国民经济的持续发展,加强生态文明建设首度写入"十三五"规划,实现经济发展与环境保护协调融合显得尤为重要。绿色经济发展、生态环境建设的需要对节能、减排提出了更高的要求,促进了在线分析技术的发展。

　　在线分析仪器主要是在生产过程中对多种混合样品进行成分分析,从而对工艺过程进行监测和控制,以实现企业生产安全、高效。在线分析仪器的运行并非仅用一个仪表就可以完成,而是需要通过辅助系统与设备才能发挥其分析作用。样品处理系统是在线分析仪器准确、高效的运行不可缺少的组成部分。通过预先对样品进行处理来达到分析仪表所需要的条件,如对温度、压力、流量进行有效调节,以及对有害物质的去除、安全泄压、限流与流路切换等。

　　目前,国内在线分析样品处理技术的教材和科技图书甚少。为了提高我国在线分析仪器及系统的研制和应用水平,提升高校在线分析仪器样品处理技术的教学水平,同时提高使用及维护人员的技术素质,有必要编写一本实用性较强的在线分析样品处理技术的教材,力求满足高校师生的教学需要,同时满足广大工程技术人员的工作需求。

　　本书主要读者为相关专业的研究生及本科生、流程工业和环保行业在线分析仪器及系统使用维护、工程设计、选型采购和安装施工人员,在线分析仪器生产厂家研制、维修和营销人员等。全书分为6章,其中第1章介绍在线分析样品处理技术的基本知识、常用技术术语、样品处理系统设计的基本要求等;第2、3章介绍样品取样、传输、处理和排放技术;第4章介绍样品处理系统的安装、测试和样品传送滞后时间计算;第5章介绍分析小屋的设计要点和分析仪系统的安装施工技术,第6章介绍在线分析系统工程文件和图纸。

　　本书由重庆科技学院的王森、钟秉翔教授担任主编,王森编写了第6章,并负责全书的统稿工作;钟秉翔编写了第1、2

1

章,并负责全书的修改工作;重庆科技学院的杨君玲、杨波编写了第3、4章;重庆科技学院的聂玲、辜小花和柏俊杰编写了第5章;中国石油西南油气田公司遂宁龙王庙净化厂工程师曾钊伟参与编写了第1章的部分内容,并就现场实际应用情况提出了修改意见;重庆科技学院的唐德东负责全书的审核工作。特别感谢聚光科技有限公司、南京分析仪器有限公司、西克麦哈克仪器有限公司、加拿大阿美特克过程和分析仪表部等单位提供的产品样本资料。

由于编者水平有限,书中难免存在不足之处,恳请广大读者不吝赐教,批评指正。

编　者
2020 年 8 月

目录

第 **1** 章
样品处理技术基本知识

1.1 概述

在线分析仪器在石油、化工、冶金、环保等行业的应用非常广泛,其提供的成分量信息是流程工业、环境监测以及其他过程分析等领域的重要信息源,是过程监视和过程控制、产品质量监视、安全稳定生产、装置长周期运转、运行成本减少、节能降耗、环境保护、实施先进过程控制、实时优化不可缺少的设备。在实际生产过程中,工况条件千差万别,会使样品条件复杂化,因此需要采取不同的样品处理过程,适应不同的工况条件和环境条件,满足在线分析仪器使用要求。

在线分析仪器在早期的应用中,只是配备简单的取样处理部件,例如,采用鼓泡式稳压器、干燥器、过滤器、针型阀、流量计等器件构成简单的样品处理系统。由于实际生产过程中,不同工艺过程,工况条件千差万别,样品条件复杂,例如,高温或低温、高粉尘含量、高水分含量或液滴(雾)、高压或负压、腐蚀性和爆炸性危险等,有很多的在线分析仪表不能正常、可靠、持续地投入运行,不能真正发挥其作用,经常出现堵塞、泄漏、腐蚀、漂移、误差大等现象。其主要原因就是对在线分析仪表运行条件认识不足,样品处理不能使测量样达到分析仪器的要求,从而制约了在线分析仪器的使用和发展。

样品处理技术就是要适应不同的工况条件、环境条件,针对性解决复杂样品条件下的取样、传输、样品处理(样品调理)技术,使得样品在不失真条件下,满足在线分析仪器的要求,保证在线分析仪器长期准确、可靠地在线检测分析,满足"个性化"要求。

20 世纪 80 年代以来,我国从国外引进一批在线分析仪器及成套分析系统,业内专家开始吸取国外先进的样品处理技术经验,自主研发成套在线分析仪器系统,在石化、冶金、建材等行业得到成功应用。南京分析仪器厂、四川分析仪器厂、聚光科技等企业先后完成了成套分析系统取样处理关键部件的研制,加快了国产化进程。通过吸收国外先进样品处理技术,经过长期实践和不断创新,我国在线分析样品处理技术得到快速发展,在线分析仪器及系统成为过程监控、安全生产、装置长周期运转、节能降耗、环境保护、实施先进过程控制不可缺少的设备。

1.2　样品处理系统的基本功能

在线分析仪器通常要求被分析样品为清洁、干燥、不失真,为不含干扰组分、非腐蚀的,样品进入分析器的温度、压力和流量必须在分析器规定的工作范围之内。

当在线分析仪器的传感元件不直接安装在工艺管道或设备中时,都需要配备样品处理系统。样品处理系统是将一台或多台在线分析仪器与源流体、排放点连接起来的系统,其作用是保证分析仪在最短的滞后时间内得到有代表性的样品,样品的状态(温度、压力、流量和清洁程度)适合分析仪所需要的操作条件。样品处理系统如图1.1所示,包括取样探头、前级处理单元、传输管线、快速回路和预处理单元。

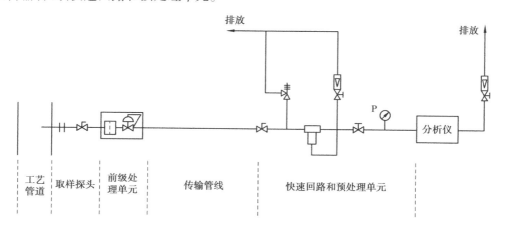

图1.1　样品处理系统示意图

样品处理系统可以实现下述基本功能:

(1)样品提取

从工艺管线取样点采集样品,根据不同的工艺要求,需要在取样点对样品进行初步的前处理,例如,对气样进行减压、降温、初步的除尘过滤、探头加热保温和反吹防堵塞等。

(2)样品传输

将样品输送到分析机柜或分析小屋。

(3)样品处理

为了向分析仪提供符合要求的样品,需要对样品进行处理。例如,对气样进行除尘过滤、精细过滤、除湿干燥、去除有害物、压力和流量调节等。

(4)样品排放

样品排放包括废气和废液的排放。气体样品的排放有排入火炬、返回工艺和排入大气几种方式;液体样品的排放有返回工艺和就地排放两种方式。

上述基本功能也是样品系统的主要构成环节和样品在系统中的基本流程。除此之外,样品处理系统还具有以下附加功能:

(5)样品流路切换

样品流路切换包括多点取样以及系统内部的分析回路、标定回路、快速旁通回路的切换。

（6）系统监控

系统监控包括系统流程及工作状态的自动控制、防护,手/自动控制以及样品压力、流量、温度、水分等报警和安全泄压等功能。

（7）公用设施的功能

公用设施为分析仪器和样品处理系统提供必需的工作条件,满足系统的工作环境要求和安全防护要求,包括水、电、气等公用工程附属设施;提供具有安全防护功能的分析机柜或分析小屋,将分析仪及样品处理系统、供电设施、控制单元集成在分析机柜或分析小屋中。

1.3　常用技术术语

（1）样品处理

样品处理也称样品调理,是样品处理系统改变样品流的物理和（或）化学性质,而不改变其组分（除非这种改变是按预知的方式进行）,使之符合在线分析器要求的功能。

（2）样品处理系统

样品处理系统是将一台或多台在线分析器与源流体、排放点以及公用设施连接起来的系统。

（3）源流体

从中提取试样流并测定其组分或性质的流体（气体或液体）。

（4）样品处理部件

样品处理部件是用于构成样品处理系统,实现样品处理系统功能的任一装置。

（5）取样点

取样点是从源流体中提取样品流的地方。样品导入取样装置的孔口称为样品入口或取样口。取样口一般应伸入生产装置（容器或管道）5 cm 以上。

（6）样品管路

样品管路也称样品管线,是从取样口到在线分析器入口的连接部分,样品流在其中流动。

（7）多流路取样

多路物流的平行取样流路,或者多个相同生产装置的取样流路,整个样品处理系统利用一台分析器,对多路物流或多个生产装置的取样流路进行周期性分析。

（8）快速回路

快速回路是指加快样品流动以缩短样品传输滞后时间的管路。它的主流从分析器旁路流过,并将样品返回生产过程的某低压点,另外一定比例的样品被引导流过分析器进行分析。

（9）旁路流

旁路流是指为减少样品处理系统的滞后时间,从快速回路或样品流中分离出的一部分样品流。旁路流不流经分析器。

（10）样品流

从快速回路中分离出的一部分样品流送到分析器,以对样品特定组分或物理特性进行分析。

（11）校准流

校准流指已知含量或特性的流体,用于校准分析器。

（12）样品流切换

样品流切换指样品处理系统能自动或手动地将在线分析器按顺序连接到不同取样点的功能，也称为多流路或多点取样。

（13）伴热

对传输生产物流或样品的管道进行加热，可以采取蒸汽、电拌热带和电伴热管等方式伴热。

（14）死体积

死体积是样品处理系统所有部件的死空间，如过滤器和分析器等，它使样品流的线性速度小于样品在管路中的传输速度。不适当的死体积会使气样处理系统的滞后时间增大。

（15）取样探头

取样探头也称采样探头，是工艺管道中提取样品流的装置，可以包括含有过滤器的过滤单元。

（16）过滤器

过滤器是从样品流中除去颗粒杂质和液滴的装置。

（17）分离器

分离器是从某种相中分离出另一种相的装置。如气水分离器从气相中分离出液相（水）。

（18）吸收器

吸收器是通过吸附、离子交换或化学反应从样品流中分离出组分的装置。

（19）洗涤器

洗涤器是使样品流通过适当的溶剂、反应剂等产生溶解或化学反应以洗涤去固体、液体或某些特定气态组分的装置。

（20）转换器

转换器是改变样品流中一个或多个组分的化学成分的装置。

（21）冷却器（加热器）

冷却器是使一种或多种样品流在其中冷却（加热）的装置。

（22）汽化器

汽化器是将液体全部或部分转变为蒸气的传热装置或部件。

（23）收集槽

收集槽也称贮液器或贮液槽，用作收集和排除管道或样品处理部件中冷凝出来的液体的装置。

（24）喷射器

喷射器是利用流体（蒸气、水、空气）的高速喷射功能来泵送另一种流体的装置或部件，它是通过负压力带入以及动量传输的方式进行工作的。

（25）旁路过滤器

旁路过滤器是一种自吹洗过滤器，利用样品流的洗涤作用，带走或吹洗掉被滤下的污染物，如粉尘等，所以也称自洁式过滤器。

（26）体积效应

体积效应也称富集效应，从样品中除去一些组分，导致样品中被测浓度升高的效应，将产生体积误差(富集误差)。例如干法取样的气样处理系统,排除气样中的水分后,就会引起被测组分浓度升高。这种浓度升高在业界是认可的,不必计算修正还原。

(27)稀释效应

稀释效应是由于向样品流中注入惰性组分而形成稀释流,导致被测组分浓度或特性变化的效应。即使经过修正,也还会存在稀释误差。

(28)吹扫

为防止过滤器发生堵塞,常用压缩空气对过滤器实施与样品流向相反的吹扫,习惯上称为反吹或反吹扫。

(29)吹洗

吹洗与反吹有些类似。分析机柜或分析小屋应具备安全良好的通风条件,借助吹洗气体吹洗以防止产生易燃、易爆、有毒气体。

吹洗和吹扫都要有合格气源和控制装置。

1.4　样品处理系统的设计要求及示例

1.4.1　样品处理系统设计的基本要求

在线分析仪器能否用好,往往不在分析仪自身,而取决于样品处理系统的完善程度和可靠性。因为分析仪无论如何复杂和精确,分析精度也要受到样品的代表性、实时性和物理状态的限制。事实上,样品处理系统使用中遇到的问题往往比分析仪还要多,样品处理系统的维护量也往往超过分析仪本身。所以,要重视样品处理系统的作用,至少要把它放在和分析仪等同的位置上来考虑。

对样品处理系统的基本要求如下:

①分析仪得到的样品与管线或设备中源流体的组成和含量一致。

②样品的消耗量最少。

③易于操作和维护。

④能长期可靠工作。

⑤系统构成尽可能简单。

⑥采用快速回路以减少样品传送滞后时间。

样品处理系统在具体设计过程中应根据实际工艺要求,对样品取样、样品传输、样品处理和排放及流路切换进行具体设计。

①取样探头设计应根据样品的工艺参数设计相应的功能。所取的样品应具有真实性、代表性;取样部件的材质应具有一定的机械强度和化学稳定性;取样装置的结构形式对于所处工况条件应具有适应性。

②样品传输设计要考虑将样品从取样点输送到在线分析器入口时样品的特性,选择合适的样品传输管线及控制参数。传输管线应尽量缩短,样品从取样点到分析机柜(或分析小屋)的距离要最短、滞后应最小。

③样品处理设计应除去或改变样品中的障碍组分和干扰组分,使其符合在线分析仪表对

样品检测的要求。样品处理要求只改变样品的物理和化学物质,而不改变其组分。

④样品的回收与排放设计不仅涉及环保和厂区安全,同时还关系到在线分析器测量室工作压力的稳定性。因此,设计时必须考虑稳压措施。

⑤流路切换设计,重点是分析回路及标定回路等。取样点应选在流速快、最能反映物性之处,避开空气渗漏和涡流的部位,应该是易于接近、便于维护的地方。取样探头应插入管道直径的 1/3 ~ 1/2 深度,以便取出具有代表性的样品。传输管线及预处理装置应不堵塞,不被腐蚀;样品经传输和预处理后不影响精确度,仍具有代表性,响应时间快,符合分析器使用要求。另外,还需考虑投资少,维护检修方便等因素。

1.4.2 样品处理系统示例

示例 1:以某公司采用微量红外线分析器测量净化气分离器出口 CO + CO_2 为例,由于气体中含有微量水,水分子吸收红外线的能力很强,会对测量造成干扰,故红外线分析器所需要的样品气必须经过干燥、洁净处理。由于样品气连续流经试样池,若水汽、灰尘、杂质附着于试样池内壁和透光口会影响窗口的透光率,导致测量误差,需要对气样进行预处理:

①对于湿度大的样品气,取样及预处理系统应设置干燥过滤器,干燥过滤器内填充硅胶、分子筛和氯化钙等干燥剂类物质。如果样品气中含有 CO_2 组分,则不能采用硅胶,因为硅胶对 CO_2 有吸附作用,会使样品气失真。

②样品气中含有灰尘、杂质,预处理系统必须设置清除灰尘和杂质的过滤器,过滤器内装有玻璃丝或不锈钢丝网屏、烧结的多孔不锈钢等填充物。CO + CO_2 微量红外线分析器样品处理系统流程如图 1.2 所示,测量净化气分离器出口气体中 CO + CO_2 微量时,样品预处理系统的设计不仅要考虑 H_2、N_2 及 CH_4,同时还需考虑 Ar、C_nH_m 等杂质的去除,从而使系统能够稳定、准确地测量。

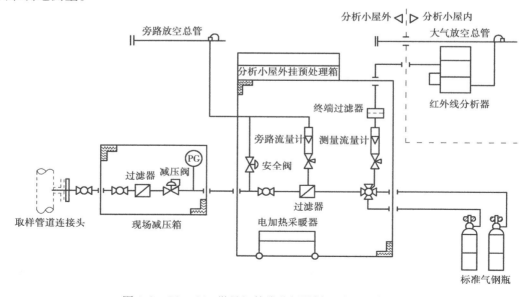

图 1.2 CO + CO_2 微量红外线分析器样品处理系统流程

示例 2:在 SCOT 还原-吸收尾气处理工艺中,将尾气中的硫化物先加 H_2 还原生成 H_2S,然后进行液相吸收或固相反应。在急冷塔顶设置 H_2 含量分析仪,其作用之一是通过 H_2 分析仪显示的 H_2 含量,及时调整 Claus 装置的配风和 SCOT 装置再热炉的燃料气量,确保过程气中的 SO_2、CS_2、COS 等完全转化为 H_2S;其作用之二是用于调节还原反应中 H_2 的加入量,使 S、SO_2 尽可能多地转化为 H_2S 又不浪费 H_2 资源。以艾默生公司 X-Stream 氢分析仪为例,该仪器为热导式分析仪。

由于被测介质中含有 35% ~ 50% 的 CO_2,对氢气含量检测有较大的影响,因此,需要利用红外法测量 CO_2 的含量,以此消除干扰。同时,水分子吸收红外线的能力很强,会对测量造成干扰,故样品气必须经过干燥处理。为确保测量池的洁净,提高检测准确性,样品气还需经过洁净处理,过滤掉绝大部分的固体杂质。

样品处理流程如图 1.3 所示,样品气取样一次球阀为 BV_1,用于长时间的投运和停运分析仪使用。全流程校准阀 BV_2,可以从此处连接与过程气组分、浓度近似的标准气体,标准气体流经整个样品传输、预处理和分析环节,可用于验证整个分析系统是否测量准确。进分析仪前,BV_3 为样品气开关阀,可用于短时间维护分析仪时切断分析仪与样品传输系统的连接。B_1 为重力分离罐,可以利用重力作用,分离掉样品气中的凝结水和大体积颗粒杂质,并通过排污球阀 BV_4 与排污管线连接。BV_6 为分析仪内样品气开关阀,FL_1 为烧结过滤器,过滤精度 7 μm,可以过滤绝大部分中体积固体颗粒。VT 为涡流管作为冷媒的制冷器,由于涡流管利用压缩空气作为动力和制冷媒介,在防爆区域相对于其他电子类制冷器具有更高的安全性能。冷却到 5 ℃ 后的样品气,气态水已基本冷凝成液态水,通过重力分离罐 B_2 收集,并利用浮球式

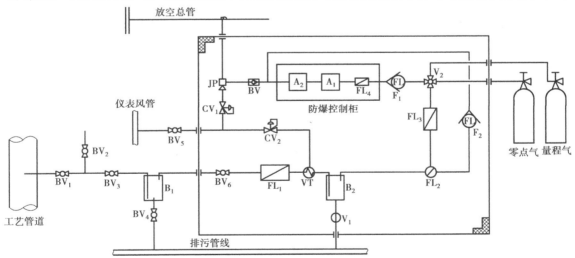

图 1.3　氢分析仪样品处理系统流程

BV_1—取样球阀;BV_2—全流程校准球阀;BV_3—样品气开关阀;BV_4—重力分离罐排污阀;BV_5—仪表风总阀;

BV_6—样品气开关阀;FL_1—烧结过滤器;FL_2—旁通过滤器;FL_3—膜式过滤器;FL_4—烧结过滤器;

B_1—重力分离罐;B_2—重力分离罐;F_1—进样流量计;F_2—旁路流量计;CV_1—引射器调压阀;

CV_2—制冷器调压阀;V_1—浮球开关阀;V_2—换向阀;A_1—氢测量单元;A_2—CO_2 测量单元;

BV—单向阀;JP—引射器;VT—涡流管制冷器

开关阀 V_1 自动排水至排污系统。FL_2 为旁通过滤器,既可以对样品气做进一步过滤,也能作为快速回路提高分析仪的响应速度。FL_3 为过滤精度为 3 μm 的膜式过滤器,由于滤芯为白色,过滤器外壳为透明色,当前段的预处理部分失效时,膜片颜色会发生明显变化,便于操作人员及时发现,因此,该过滤器主要功能为判定预处理系统是否失效。FL_4 在防爆控制柜内,是样品气进入测量单元的最后一个烧结过滤器,过滤精度为 1 μm。

思考题

1.1 为什么样品进入在线分析器以前要进行样品处理?

1.2 样品处理系统的基本功能有哪些?

1.3 样品处理系统具有哪些附加功能?

1.4 对样品处理系统的基本要求有哪些?

1.5 很多在线分析仪表不能可靠持续地投入运行,经常出现堵塞、泄漏、腐蚀、漂移、误差大等现象,分析产生的原因可能有哪些?

1.6 解释名词:样品处理部件、样品管路、快速回路、死体积、体积效应、稀释效应。

1.7 分析图 1.2 $CO + CO_2$ 微量红外线分析器样品处理系统流程。

1.8 分析图 1.3 氢分析仪样品处理系统流程。

第 2 章
取样和样品传输

取样是通过取样探头把样品从工艺管线采集出来,样品传输则是把采集的样品传送到分析机柜或分析小屋进行样品处理。

2.1 取样和取样探头

2.1.1 取样点的选择

在工艺管线上选择分析仪取样点的位置时,应遵循下述原则,折中选取。

①取样点应位于能反映工艺流体性质和组成变化的灵敏点上。

②取样点应位于对过程控制最适宜的位置,以避免不必要的工艺滞后。

③取样点应位于可利用工艺压差构成快速循环回路的位置。

④取样点应选择在样品温度、压力、清洁度、干燥度和其他条件尽可能接近分析仪要求的位置,以便使样品处理部件的数目减至最小。

⑤取样点的位置应易于从扶梯或固定平台接近。

⑥在线分析仪的取样点和实验室分析的取样点应分开设置。

一般认为,在大多数气体和液体管线中,从产生良好混合的湍流位置上取样,可保证样品真正具有代表性。因为对于气体或液体混合物,除非有湍流存在,否则是不容易达到完全混合的。取样点可选在一个或多个90°弯头之后,紧接最后一个弯头的顺流位置上,或选在节流元件下游一个相对平静的位置上(不要紧靠节流元件)。

注意事项:

①不要在一个相当长而直的管道下游取样,因为这个位置流体的流动往往呈层流状态,管道横截面上的浓度梯度会导致样品组成的非代表性。

②避免在可能存在污染的位置或可能积存有气体、蒸汽、液态烃、水、灰尘和污物的死体积处取样。

③不要在管壁上钻孔直接取样。如果在管壁上钻孔直接取样,一是无法保证样品的代表性,无论流体处于层流或紊流状态,还是处于湍流状态都难以保证取出样品的代表性;二是由

9

于管道内壁的吸收或吸附作用会引起记忆效应,当流体的实际浓度降低时,又会发生解吸现象,使样品的组成发生变化,特别是对微量组分进行分析时(如微量水、氧、一氧化碳、乙炔等),影响尤为显著。所以,样品均应当用插入式取样探头取出。

2.1.2 取样探头类型的选择

(1)直通式取样探头

对于含尘量低于 10 mg/m³ 的气体样品和洁净的液体样品,可采用直通式(敞开式)取样探头。直通式取样探头一般是剖口呈 45°的杆式探头,如图 2.1 所示,开口背向流体流动方向安装,利用惯性分离原理,将探头周围的颗粒物从流体中分离出来,但不能分离粒径较小的颗粒物。在线分析中使用的取样探头大多是这种类型。

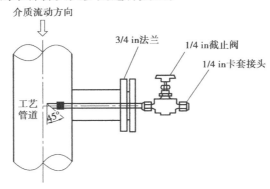

图 2.1　直通式取样探头

(2)不停车带压插拔式取样探头

当液样中含有少量颗粒物、黏稠物、聚合物、结晶物时,易造成堵塞,可采用不停车带压插拔式取样探头。这种探头也可用于含有少量易堵塞物(冷凝物、黏稠物)的气体样品。

图 2.2 所示的取样探头就是一种不停车带压插拔式取样探头,又称可拆探管式取样探头,可在工艺不停车的情况下,将取样管从带压管道中取出来进行清洗。它是在直通式探头中增加一个密封接头和一个闸阀(或球阀)构成的。

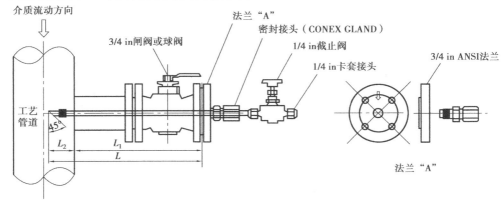

图 2.2　可拆探管式取样探头结构图

CONEX GLAND 密封接头的结构见图 2.3。其结构可分为两部分,一是取样管的夹持和固定部分,采用卡套式压紧结构;二是与闸阀法兰的连接部分,采用螺纹连接方式,依靠密封件实现二者之间的密封。安装时注意应使取样管的坡口朝向和法兰上的箭头指向（流体流动方向）一致。为便于插拔操作和保证安全，取样管的前端焊有一块凸台，以免取样管在拔出过程中被管道内的压力吹出，发生安全事故。当凸台到达法兰盘端部时，即可将闸阀关闭，然后旋开密封接头，将取样管取出。

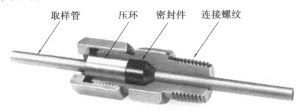

图 2.3　CONEX GLAND 密封接头

（3）过滤式取样探头

对于含尘量较高（超过 10 mg/m³）的气体样品，可采用过滤式取样探头。所谓过滤式取样探头是指带有过滤器的探头，过滤元件视样品温度分别采用烧结金属或陶瓷（低于 800 ℃）、碳化硅（高于 800 ℃）。

过滤器装在探管头部（置于工艺管道或烟道内）的称为内置过滤器式探头，装在探管尾部（置于工艺管道或烟道外）的称为外置过滤器式探头。内置过滤器式探头的缺点是不便于将过滤器取出清洗，只能靠反吹方式进行吹洗，过滤器的孔径也不能过小，以防微尘频繁堵塞。这种探头用于样品的初级粗过滤比较适宜。

普遍使用的是外置过滤器式探头，如图 2.4 所示，这种探头可以很方便地将过滤器取出进行清洗。当用于烟道气取样时，由于过滤器置于烟道之外，为防止高温烟气中的水分冷凝对滤芯造成堵塞（这种堵塞是由冷凝水与颗粒物结块造成的），对过滤部件应采用电加热或蒸汽加热方式保温，使取样烟气温度保持在其露点温度以上。这种探头广泛用于锅炉、加热炉、焚烧炉的烟道气取样。

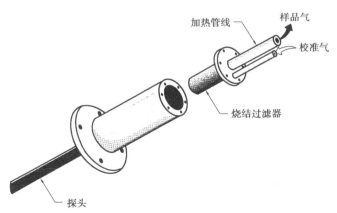

图 2.4　一种外置过滤器式取样探头

无论是内置还是外置过滤器式探头，都存在过滤器堵塞问题。用高压气体对过滤器进行"反吹"可使堵塞现象减至最低。反吹气体一般使用 0.4～0.7 MPa 的仪表空气或蒸气，反向（与烟气流动方向相反）吹扫过滤器。反吹可以采取脉冲方式产生，使用一个预先加压的储气罐，突然释放的高压气流可以将过滤器孔隙中的颗粒物冲击出来。反吹管路应短而粗，管径采用 1/2 in 或 12 mm 为宜,不可和气样管线共用(烟气样品管线管径为 1/4 in 或 6 mm)。根据颗粒物的特性和含量,过滤器的反吹周期间隔时间为 15 ~ 480 min,反吹持续时间为 5 ~ 10 s。

使用反吹系统时必须注意,反吹气体不可将探头冷却到酸性气体或水蒸气能够冷凝析出的温度,即反吹气体应当预先加热。

(4)加热过滤取样探头

正压取样过滤时,高压样品经过滤器过滤压力迅速降低,引起过滤器降温,可以采用加热过滤取样探头。

当样品以较高的压力经过滤器过滤后压力迅速降低;或对过滤器反吹时,反吹空气压力(0.4 ~ 0.6 MPa)经过滤器时压力急剧降低,这两种情况都有可能发生焦耳-汤普森热衰减效应。从而引起过滤器降温,样品温度降低冷凝出水分,并与样品的其他固体颗粒混合,形成各种黏性物质进而板结成型,造成过滤器的堵塞。为降低此类问题发生,必须对过滤器加热保温到远高于样品露点,吹扫用反吹气,也要预热保温,从而确保探头过滤器吹扫时,过滤器加热保温在原有的温度。过滤器采用的加热方式为筒式的电加热器,或采用盘形蒸汽伴热蛇管。采用电加热方式时,需采用温度调节器对加热温度进行控制,常见的加热过滤器探头恒温范围在 150 ~ 180 ℃(如脱硫取样探头)。

外置加热过滤取样探头的过滤器装在烟道外部与法兰连接的圆筒内,加热器被埋装在圆筒筒体内或绕装在筒体外。基本的加热保温过滤取样探头外形如图 2.5 所示。

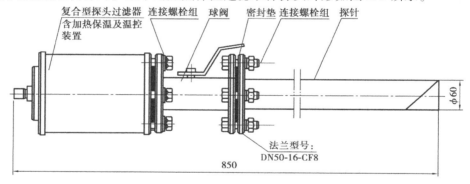

图 2.5 加热保温过滤取样探头外形图

对于要求不能间断取样分析的系统,可以采用双探头取样技术,即一个取样探头处于工作状态,另一个取样探头处于反吹状态。这样,可以确保系统的分析数据是连续的,系统取样的可靠性增加。

(5)直通式探头

脏污液样不得采用过滤式探头,因为湿性污物附着力强,难以靠流体的冲刷达到自清洗目的。一般采用口径较大的直通式探头,将液样取出后再加以除污。

(6)特殊设计的专用取样装置

对于乙烯裂解气、催化裂化再生烟气、硫黄回收尾气、管输高压天然气、煤或重油气化气、炼铁高炉炉顶气、水泥回转窑尾气等复杂条件样品的取样,应采用特殊设计的专用取样装置。

2.1.3 取样探头规格、插入长度及方位的选择

直通式取样探头一般采用 316 不锈钢管材制作,探头内部的容积应限制其尺寸尽可能小。

探头的规格一般有如下几种：

6 mm 或 1/4 in OD Tube——用于气体样品；

10 mm 或 3/8 in OD Tube——用于液体样品；

3 mm 或 1/8 in OD Tube——用于需汽化传送的液体样品；

12 mm 或 1/2 in OD Tube——用于含尘量较高的气样和含少量颗粒物、黏稠、易结晶的液样。

探头的长度主要取决于插入长度，为了保证取出样品的代表性，一般认为插入长度至少等于管道内径的 1/3。

取样探头的插入方位应作如下考虑：

水平管道：气体取样，探头应从管道上部插入（45°~135°），以避开可能存在的凝液或液滴；液体取样，探头应从管道下部侧壁插入（180°~225°或315°~360°），以避开管道上部可能存在的蒸汽和气泡，以及管道底部可能存在的残渣和沉淀物，如图 2.6 所示。

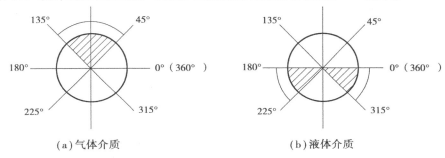

（a）气体介质　　　　　　　　　（b）液体介质

图 2.6　采样探头在水平管道插入方位

垂直管道：从管道侧壁插入，液体应从由下至上流动的管段取出，避免下流液体流动不正常时的气体混入。

2.1.4　取样探头允许长度的计算

旋涡分离现象如图 2.7 所示，产生一对旋涡的时间叫作分离周期，其倒数称为分离频率，即每秒产生旋涡对的个数。

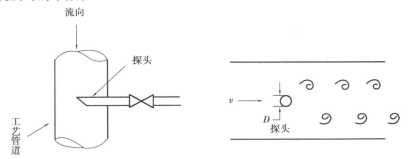

图 2.7　旋涡分离现象示意图

研究发现，旋涡对圆柱体的作用力在流体流动的横截面方向上，因此，轮流交替产生的旋涡从相反的方向施力于圆柱体，产生周期性的横向推力，使圆柱体随之振动。

旋涡分离频率 f_s 与流速 v 成正比，与圆柱体直径 D（探头外径）成反比，当 v 增大时，f_s 随之增大，当 f_s 与圆柱体的自然频率（固有频率）f_n 相等时，就会产生共振。

改变探头的机械结构(如限制探头长度),使其自然频率低于旋涡分离起始频率(在分离频带之外),就可以防止共振现象的发生。可按以下步骤计算取样探头的允许长度:

(1)**计算探头的自然频率 f_n**

探头自然频率 f_n 由下式给出:

$$f_n = F_m \times \frac{A}{2\pi} \sqrt{\frac{EIg}{W_c L^4}} \tag{2-1}$$

式中　E——探头材料的弹性系数,kg/cm²;

　　　I——探头直径的惯性力矩,cm⁴;

　　　g——重力加速度常数,9.8 m/s²;

　　　L——探头长度,cm;

　　　W_c——探头单位长度的质量,kg/cm;

　　　A——各种振动方式常数,如下:

振动方式编号	1	2	3	4
A	3.52	22.4	61.7	121

　　　F_m——实际质量因子,由于流体环绕探头流动并带动探头振动而引起的探头附加质量常数。对于气体 $F_m = 1$,对于水和其他液体 $F_m = 0.9$。

对于短的探头,通常仅采用第一种振动方式常数,即 $A = 3.52$,此时式(2-1)变为

$$f_n = F_m \times \frac{3.52}{2\pi} \sqrt{\frac{EIg}{W_c L^4}} = F_m \times \frac{0.56}{L^2} \sqrt{\frac{EIg}{W_c}} \tag{2-2}$$

探头直径 D(外径)用 mm 表示时,则

$$W_c = \frac{\rho V_P}{L} = \frac{\rho A_P L}{L} = \rho A_P$$

$$= \rho \times \frac{1}{4}\pi(d_o^2 - d_i^2) \times 10^{-8} \text{kg/cm} \tag{2-3}$$

式中　ρ——探头材料的密度,kg/m³;

　　　V_P——探头体积,mm³;

　　　A_P——探头的截面积,mm²;

　　　d_o——探头外径,mm;

　　　d_i——探头内径,mm。

$$I = \frac{1}{64} \times \pi(d_o^4 - d_i^4) \times 10^{-4} \text{cm}^4 \tag{2-4}$$

将探头长度 L 也用 mm 表示,并将式(2-3)、式(2-4)代入式(2-2):

$$f_n = F_m \times \frac{0.56}{L^2} \times 10^2 \sqrt{\frac{E \times \frac{1}{64} \times \pi(d_o^4 - d_i^4) \times 10^{-4} \times g}{\rho \times \frac{1}{4}\pi(d_o^2 - d_i^2) \times 10^{-8}}}$$

$$= F_m \times \frac{0.56}{L^2} \times 10^4 \sqrt{\frac{E}{\rho} \times \frac{981}{16}(d_o^2 + d_i^2)}$$

$$= F_m \times \frac{4.38 \times 10^4}{L^2} \sqrt{\frac{E}{\rho}(d_o^2 + d_i^2)} \tag{2-5}$$

（2）计算旋涡分离频率 f_s

流体流经探头时的旋涡分离频率 f_s 由下式给出：

$$f_s = St \times \frac{v}{D} \times 1\ 000 \tag{2-6}$$

式中　v——流体流经探头时的速度，m/s；

　　　D——探头在流体流动方向上的宽度，即探头外径（$D = d_o$），mm；

　　　St——斯特劳哈尔数（Strouhal number），St 与雷诺数（Reynolds number）Re 和探头形状有关，在最恶劣的情况下可取 $St = 0.4$，API 标准建议取 $St = 0.2$。

（3）求探头的允许长度 L

使式（2-5）与式（2-6）相等（即 $f_n = f_s$），对 L 求解，即可求得探头的允许长度，在该长度下可确保由探头阻流体产生的旋涡分离频率不会超出探头的自然频率。

$$L^2 = \frac{F_m \times 4.38 \times d_o \times 10}{St \times v} \sqrt{\frac{E}{\rho}(d_o^2 + d_i^2)} \tag{2-7}$$

式中　L——探头的允许长度，mm；

　　　d_o——探头外径，mm；

　　　d_i——探头内径，mm；

　　　v——流体流速，m/s；

　　　E——探头材料弹性系数，kg/cm^2；

　　　ρ——探头材料的密度，kg/m^3。

使用下述假定条件：

①实际质量因子 F_m 取 0.9，这是最恶劣的情况，即流体为液体。

②探头是"短"的，振动仅为第一种方式（$A = 3.52$）。

③St 为 0.4（这是最坏的情况）。

则式（2-7）可简化为

$$L^2 \approx \frac{100 \times d_o}{v} \sqrt{\frac{E(d_o^2 + d_i^2)}{\rho}} \tag{2-8}$$

2.2　样品传输

2.2.1　样品传输的基本要求

样品在传输过程中应保持被分析组分不失真，并满足分析系统要求，对样品传输的基本要求如下：

①传输滞后时间不得超过 60 s，这就要求分析仪至取样点的距离尽可能短，传输系统的容积尽可能小，样品流速尽可能快（以气体样品流速 6～15 m/s，液体样品流速 1.5～4 m/s

为宜）。

②如果在分析仪允许通过的流量下,时间滞后超过60 s,则应采用快速回路系统。

③传输管线尽可能笔直地到达分析仪,保证有最小数目的弯头和转角,但不允许有 U 形弯曲。

④没有死的支路和死体积。

⑤对含有冷凝液的气体样品,传输管线应保持向下倾斜的一定坡度,最低点应靠近分析仪并设有冷凝液收集罐。倾斜坡度一般为1:10,对于黏滞冷凝液可增至1:5。

⑥防止相变,即在传输过程中,气体样品完全保持为气态,液体样品完全保持为液态。

⑦样品管线应避免通过极端的温度变化区,它会引起样品条件无控制的变化。

⑧样品传输系统不得有泄漏,以免样品外泄或环境空气侵入。

2.2.2　快速循环回路和快速旁通回路

快速回路是指加快样品流动以缩短样品传输滞后时间的管路。快速回路的构成形式通常有两种,即返回到装置的快速循环回路和通往废料的快速旁通回路。

（1）返回到装置的快速循环回路

返回到装置的快速循环回路简称快速循环回路,它是利用工艺管线中的压差,在其上下游之间并联一条管路,样品从工艺引出又返回工艺的循环系统,分析仪所需样品从回路上接近分析仪的某一点引出,如图 2.8 所示。

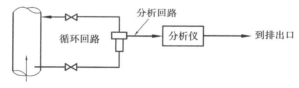

图 2.8　快速循环回路示意图

快速循环回路可降低样品传输的时间滞后,并使工艺流体的耗损量降至最低。在样品系统设计时,应优先考虑采用快速循环回路。

快速循环回路应避免跨接在下述压差源两边:

①控制阀。控制阀通常会形成变化不定的压差,并联快速回路对阀的控制特性会产生不利影响;

②节流孔板。限流孔板通常造成的能量损失高,但产生的压差低,对快速回路推动力小。快速回路也不应接在流量测量孔板两侧,以免影响流量测量精度。

在设计快速循环回路时,应注意以下几点:

①当快速回路跨接段压差较小时,可在快速回路中增设泵输,泵的选型应避免其润滑系统对样品造成污染或降解。

②通往分析仪的样品回路通常经自清洗式旁通过滤器引出。

③快速回路内应提供流量指示和调节仪表。

（2）通往废料的快速旁通回路

通往废料的快速旁通回路简称快速旁通回路,它是从工艺管道到排气或排液口的样品流通系统,由于它是分析回路的并联旁通支路,所以称为"旁通回路",见图 2.9。

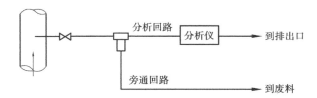

图 2.9　快速旁通回路示意图

快速旁通回路的样品一般作为废气、废液处理,有时也返送工艺低压点(特别是液样)。快速旁通回路一般从自清洗式旁通过滤器引出。

快速旁通回路通常用于下述场合:

①样品排放不会造成环境危险和污染时。

②当将样品返回工艺不现实时,如减压后的气体、液体汽化后的蒸气等。

③样品回收成本高于其本身价值时,将其返回工艺是不经济的。

④将样品返回工艺时,可能导致污染或降解,如多流路测量的混合样品等。

2.2.3　样品传输管线

(1)管材和管件

样品传输管线使用的管材和管件应符合以下要求:

①样品传输管线应优先选用 316 不锈钢无缝 Tube 管,管子应经过退火处理,其优点是:

a.316 不锈钢不会与样品流路中的组分发生化学反应,并且具有优良的耐腐蚀性能。

b.无缝钢管与焊接钢管比较,内壁光滑,对样品的吸附作用很小,耐压等级高。

c.Tube 管采用卡套接头(压接接头)连接,密封性能好,死体积小。

d.退火处理的 Tube 管挠性高,便于弯曲施工和卡套连接。

②管子的连接应采用压接方式,使用双卡套式压接接头,管件(接头、阀门)材质、规格应与管子相同和匹配。

③避免使用非金属管和管件,除非它们的物理化学特性有明显优势并获得用户允许。

④紫铜管和管件只能用于气动系统和伴热系统,不得用于样品传输。

(2)管径尺寸的确定

由于样品系统的流量与工艺物流相比是很小的,受传输滞后时间的限制,其管径应尽可能减小。管径尺寸一般可根据经验确定:

①气体样品采用 6 mm 或 1/4 in OD Tube 管。

②液体样品采用 10 mm 或 3/8 in OD Tube 管。

③快速循环回路或脏污样品采用 12 mm 或 1/2 in OD Tube 管。

(3)管壁厚度的确定

管子的承压能力与壁厚有关,而且受温度的制约。一般工程设计中对样品管线管壁厚度用"管外径×壁厚"表示,要求是:

$\phi 3$ mm $\times 0.7$ mm　　或　　1/8 in $\times 0.028$ in

$\phi 6$ mm $\times 1.0$ mm　　或　　1/4 in $\times 0.035$ in

$\phi 10$ mm $\times 1.0$ mm　　或　　3/8 in $\times 0.035$ in

$\phi 12$ mm $\times 1.5$ mm　　或　　1/2 in $\times 0.049$ in

本书2.3小节中表2.1—表2.5给出了样品系统常用Tube管的最高允许工作压力及其温度降级系数,可供设计选型参考。Pipe管相应数据可查阅有关手册。

（4）吹洗设施的配备

在下述情况下,应对样品管线和部件配备吹洗设施:

①样品运动粘度高于500 cSt时（在38 ℃下）。

②可能出现凝固或结晶的样品。

③腐蚀性或有毒性样品。

④用户规定的其他场合。

吹洗介质可采用氮气或蒸气,应从取样点邻近的下游引入,特别要注意对系统中附加的独立部件（如并联双过滤器等）进行吹洗。

2.3　Tube 管和管接头

2.3.1　Pipe 管和 Tube 管的区别

Pipe 管和 Tube 管是两种规格系列的管子,其管径尺寸、连接方式、表示方法和使用范围均不相同。

①Pipe 管是大管径的管子,管径一般为 15 ~ 1 500 mm（1/2 ~ 60 in）。也有小于或大于此范围的 Pipe 管,但使用量很少。而 Tube 管是小管径的管子,管径一般为 1/8 ~ 1/2 in（3 ~ 12 mm）。

②Pipe 管的连接方式有法兰连接、螺纹连接和焊接连接 3 种,大多数场合用法兰连接,低压场合允许用螺纹连接。而 Tube 管的管壁很薄,不允许在上面套螺纹,经过退火处理后,采用卡套方式连接。

③Pipe 管用公称直径 DN 表示管子的管径规格。公称直径既不等于管子的外径,也不等于管子的内径,它是管路系统中所有组成件（包括管子、法兰、阀门、接头等）通用的一个尺寸数字,同一公称直径的管子、法兰、阀门、接头之间可以相互连接,而不管其他尺寸（外径、内径、壁厚等）是否相同。简而言之,采用公称直径后,使得管子和管件之间的连接得以简化和统一,这就是 Pipe 管用 DN 表示管径的原因所在。

Tube 管用外径 OD 表示管子的管径规格,如 1/4 in OD Tube 表示外径为 1/4 in 的 Tube 管。因为 Tube 管采用卡套方式连接,这种连接方式关注的是外径,外径相同的管子和管件之间可以用卡套连接起来,这就是 Tube 管用 OD 表示管径的原因所在。

④Pipe 管的壁厚是标准的,一般用壁厚系列号（Schedule Number,英文缩写为 Sch. No. ）来表示,Sch. No. 也称为耐压级别号,范围从 Sch. No. 5 到 Sch. No. 160。不同管径或材质的管子,各有其独立的标准壁厚系列号。或者说,Sch. No. 相同但管径或材质不同的管子,其实际壁厚并不相同。

Tube 管的壁厚用其实际厚度尺寸（in 或 mm）表示。

⑤Pipe 管应用十分广泛,工艺管道和公用工程管道均采用 Pipe 管。而 Tube 管仅用于仪表系统的测量管路、气动信号管路和在线分析仪的样品管路中。

2.3.2 常用 Tube 管的类型、规格和有关参数

常用的 Tube 管类型：按材质分，主要有 316 不锈钢和 304 不锈钢两种；按成型工艺分，有无缝钢管（先热轧后冷拔而成）和焊接钢管（用带钢焊接而成）两种；按其外径和壁厚尺寸采用的计量单位制分，有英寸制 Tube 管和米制 Tube 管两种。

常用 Tube 管的外径、壁厚和最高允许工作压力见表 2.1—表 2.5。

表 2.1 常用米制（公制）Tube 管的最高允许工作压力（材料 316SS 或 6Mo）

单位：bar

Tube 外径/mm	壁厚/mm				
	0.5	0.7	1.0	1.5	2.0
6	205	310	515	725	
8	170	225	410	530	
10	130	180	310	490	
12	105	150	245	375	480
16			160	245	350

表 2.2 米制（公制）Tube 管温度降级系数

Tube 温度		温度降级系数	
℉	℃	316SS	304SS
100	38	1.00	1.00
200	93	1.00	0.84
300	149	1.00	0.75
400	204	0.97	0.69
500	260	0.90	0.65
600	316	0.85	0.61
700	371	0.82	0.59
800	427	0.80	0.56
900	482	0.78	0.54
1 000	538	0.77	0.52
1 100	593	0.62	0.47
1 200	649	0.37	0.32

说明：①表 2.1 中的工作压力是 ASTM A-269 实测值，安全系数为 4∶1（安全系数 = 胀破（炸裂）压力∶工作压力）。
②表 2.1 中的工作压力在 Tube 管温度 −20～100 ℃范围内有效，若温度升高，则应乘以温度降级系数，见表 2.2。

例如：12 mm 外径×1.00 mm 壁厚无缝 316SS Tube 管，在室温下工作压力为 245 bar（表 2.1）。如果在 800 ℉（427 ℃）温度下工作，其温度降级系数为 0.80，则在该温度下的最大允许工作压力为 245 bar×0.80 = 196 bar。

表2.3 常用英寸制 Tube 管的最高允许工作压力(316或304无缝钢管)　单位:psi

Tube 外径/in	壁厚/in				
	0.028	0.035	0.049	0.065	0.083
1/8	8 600	10 900			
1/4	4 000	5 100	7 500	10 300	
3/8		3 300	4 800	6 600	
1/2		2 500	3 500	4 800	6 300

表2.4 常用英寸制 Tube 管的最高允许工作压力(316或304焊接钢管)　单位:psi

Tube 外径/in	壁厚/in				
	0.028	0.035	0.049	0.065	0.083
1/8	7 300	9 300			
1/4	3 400	4 400	6 400	8 700	
3/8		2 800	4 100	5 600	
1/2		2 100	3 000	4 100	5 300

表2.5 英寸制 Tube 管温度降级系数

Tube 温度		温度降级系数	
℉	℃	316SS	304SS
100	38	1.00	1.00
200	93	1.00	1.00
300	149	1.00	1.00
400	204	0.97	0.94
500	260	0.90	0.88
600	316	0.85	0.82
700	371	0.82	0.80
800	427	0.80	0.76
900	482	0.78	0.73
1 000	538	0.77	0.69
1 100	593	0.62	0.49
1 200	649	0.37	0.30

说明:①表2.3、表2.4中数据符合 ASME/ANSI B31.3 化工装置和炼油厂配管标准。

②所有工作压力值是在环境温度(72 ℉或22 ℃)下的压力值。其温度降级系数见表2.5。

③压力安全系数为4:1。

④单位换算:1 in =25.4 mm,1 psi =6.89 kPa≈0.07 bar。

例如:1/2 in 外径 ×0.049 in 壁厚(约为12.7 mm 外径 ×1.25 mm 壁厚)的无缝316SS Tube 管,在室温下工作压力为3 500 psi(约为245 bar)。如果在800 ℉(427 ℃)温度下操作,

其温度降级系数为 0.80,在该温度下,最大允许工作压力为 3 500 psi ×0.80 = 2 800 psi(约为 196 bar)。

2.3.3　Tube 管使用的管接头

Tube 管使用的管接头的种类繁多,但可归纳为以下几个大类:

1)中间接头(Union)

中间接头用于 Tube 管和 Tube 管之间的连接,或者说两边均采用卡套连接的接头,主要有以下几种:

①直通中间接头(Union)。

②三通中间接头(Union Tee)。

③四通中间接头(Union Cross)。

④弯通中间接头(Union Elbow)(有 90°和 45°弯通两种)。

⑤穿板接头(Bulkhead Union)。

2)异径接头(Reducing Union)

异径接头用于不同管径 Tube 管之间的连接,俗称大小头,也是一种中间接头。

3)终端接头(Connector)

终端接头用于 Tube 管和仪表、辅助设备等的连接。这种接头,一端采用卡套和 Tube 管连接,另一端采用螺纹和仪表、辅助设备等连接,是 Tube 管终端处的连接件,所以称为终端接头。主要有以下几种:

①直通终端接头(Connector)。

②三通终端接头(Connector Tee)。

③弯通终端接头(Connector Elbow)(有 90°和 45°弯通两种)。

④穿板接头(Bulkhead Connector)。

4)压力表接头(Gauge Connector)

压力表接头用于 Tube 管和压力表之间的连接,也是一种终端接头,主要有直通(Gauge Connector)和三通(Gauge Connector Tee)两种。

其他还有短管接头(Adapter)、管堵头(Plug)、管帽(Cap)等。

如果从连接方式分,Tube 管使用的管接头有两种连接方式:

1)卡套式连接

卡套式连接用于接头和 Tube 管的连接,它是靠圆环形卡箍的压紧力实现连接和密封的,所以也称压接式连接。圆环形卡箍有单卡箍(单卡套,Single Ferrule)和双卡箍(双卡套,Twin Ferrule)两种。

2)螺纹式连接

螺纹式连接用于接头和仪表、辅助设备等的连接,常用的螺纹有以下两种:

①圆锥管螺纹——有 NPT 螺纹(60°牙形角)和 BSPT 螺纹(55°牙形角)两种。圆锥管螺纹带有一定的锥度(锥度角 1°47′),越拧越紧,利用其本身的形变就可以起到密封作用,所以也叫"用螺纹密封的管螺纹"。实际使用时,一般要加密封剂,如 PTFE 带、化合管封剂等,以防出现泄漏。

②圆柱管螺纹——有 Straight 螺纹(60°牙形角)和 BSPP 螺纹(55°牙形角)两种。圆柱管螺纹不带锥度,是一种直形的管螺纹,本身无密封作用,所以也叫"非螺纹密封的管螺纹"。连接时靠垫圈(垫片)实现密封。

此外,在接头外表面上的螺纹叫阳螺纹,用 M(Male)标注;在接头内表面上的螺纹叫阴螺纹,用 F(Female)标注。顺时针旋转拧紧的螺纹称为右旋螺纹,逆时针旋转拧紧的螺纹称为左旋螺纹,左旋螺纹在其型号后标注 LH,右旋螺纹不标注。

Tube 管接头使用的螺纹大多为 NPT 圆锥管螺纹,除一部分气瓶上采用左旋螺纹外,其他场合一般均为右旋螺纹。

Tube 管使用的管接头种类繁多,管接头生产厂家的型号、规格编制方法也不一致。因此,根据所需管接头的尺寸、类型和连接方式,就可以按照产品样本方便地对管接头进行选择。

2.3.4 卡套式管接头

卡套式管接头(Tube Fitting)是一种用于连接 Tube 管的接头。它是靠圆环形卡箍的压紧力实现连接和密封的,所以也叫压接接头。卡套式管接头有单卡套和双卡套两种,如图 2.10 所示是双卡套管接头的结构和工作原理图。

通过顺时针转动螺母产生的推力,驱动两个卡箍向着接头本体方向前进,在本体锥形口、前卡箍、后卡箍三者的相互挤压作用下,在 Tube 管上压出两个小的锥形面,依靠前、后卡箍与 Tube 管两个锥形面之间的压紧力实现了连接和密封。

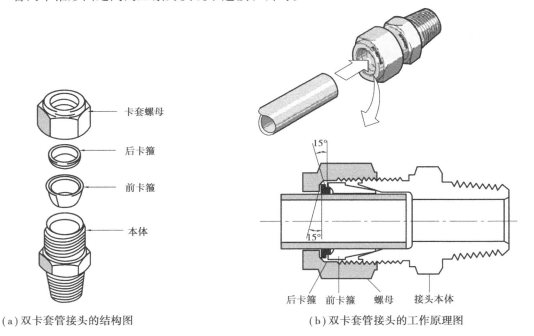

(a)双卡套管接头的结构图　　　　　(b)双卡套管接头的工作原理图

图 2.10　双卡套管接头的结构和工作原理图

使用卡套式管接头进行连接时应注意以下几点:

①连接前对 Tube 管进行检查,管子必须圆整,管端无毛刺,表面无明显缺陷。

②将 Tube 管插入接头中,并确保卡套内的管子已插到位,用手拧紧螺母。建议在螺母六角和接头主体之间画一条标线,作为螺母转动起始点的基准线。

③切勿用老虎钳夹着管子插入接头,老虎钳会在管子上留下印迹或刮痕,甚至使管子变成椭圆形,容易造成泄漏。

④用扳手沿顺时针方向拧紧螺母,对不小于 1/4 in(6 mm)的接头,需要转动 5/4 圈;小于 1/4 in(6 mm)的接头,需要转动 3/4 圈,如图 2.11 所示。

⑤如需断开并重新连接,记下原来拧紧位置,用扳手将连接断开。重新装配时,将螺母拧紧到原来位置,再用扳手轻轻拧紧,直至感到力矩稍微增大即可。

(a) 对于 1/4 ~ 1 in(6 ~ 25 mm)的接头,
顺时针方向转动 5/4 圈

(b) 对于 1/16 ~ 3/16 in(2 ~ 4 mm)的接头,
顺时针方向转动 3/4 圈

图 2.11 卡套式管接头螺母拧紧圈数示意图

2.4 蒸汽伴热

2.4.1 伴热保温和隔热保温

伴热保温是指利用蒸汽伴热管、电伴热带对样品管线加热来补充样品在传输过程中损失的热量,以维持样品温度在某一范围内。隔热保温是指为了减少样品在传输过程中向周围环境散热,或从周围环境中吸热,在样品管线外表面采取的包覆措施,也可以说是为了保证样品在传输过程中免受周围环境温度影响而采取的隔离措施。

样品传输管线往往需要伴热或隔热保温,以保证样品相态和组成不因温度变化而改变。样品传输过程中一个明显的温度变化来源是天气的变化,我国处于大陆性季风带,冬夏极端温度之差往往达到 60 ℃ 以上。此外,还必须考虑太阳直接辐射的加热效应,在夏季阳光曝晒下,样品管线表面温度有时可达 80 ~ 90 ℃。因此,在样品传输设计中必须考虑环境温度变化对样品相态和组成的影响。

气样中含有易冷凝的组分,应伴热保温在其露点以上;液样中含有易汽化的组分,应隔热保温在其蒸发温度以下或保持压力在其蒸气压以上。微量分析样品(特别是微量水、微量氧)必须伴热输送,因为管壁的吸附效应随温度降低而增强,解吸效应则呈相反趋势。易凝析、结晶的样品也必须伴热传输。总之,应根据样品条件和组成,根据环境温度的变化情况,合理选择保温方式,确定保温温度。

伴热保温的方式有蒸汽伴热和电伴热两种。

2.4.2 蒸汽伴热的优点和缺点

蒸汽伴热的优点是:温度高,热量大,可迅速加热样品并使样品保持在较高温度。其缺点如下:

①蒸汽伴热系统因蒸汽管径偏细,气压不能太高和存在立管高度的变化,有效伴热长度受到很大的限制,以致样品管线较长或重负荷伴热时,不得不采用分段伴热的做法。根据国外资料,蒸汽伴热的最大有效伴热长度为 30.48 m,因此,对于 60 m 长的样品管线,一般要分两段伴热。

②蒸汽压力的波动会导致温度的较大幅度变化,供气不足其至短时中断也时有发生,难以达到样品管线伴热温度均衡、稳定的要求。

③样品管线采用蒸汽伴热时,对伴热温度进行控制是非常困难的,或者说是不可控的(对样品处理箱可采用温控阀控温)。

2.4.3 伴热蒸汽和保温材料

伴热蒸汽有低压过热蒸汽和低压饱和蒸汽两种,低压饱和蒸汽有关参数见表 2.6。

表 2.6 饱和蒸汽主要物理性质(SH 3126—2001)

饱和蒸汽压力/MPa(A)	温度 t/℃	冷凝潜热 H/(kJ·kg^{-1})
1	179.038	481.6×4.186 8
0.6	158.076	498.6×4.186 8
0.3	132.875	517.3×4.186 8

样品管线常用的保温材料有硅酸铝保温绳、硅酸盐制品等。样品处理箱或分析仪保温箱常用的保温材料有聚氨酯泡沫塑料、聚苯乙烯泡沫塑料等。保温材料不应采用石棉制品。伴热蒸汽压力和保温层厚度的选择可参见表 2.7。

表 2.7 不同大气温度下的隔热层厚度(SH 3126—2001)

大气温度	蒸汽压力/MPa(A)	隔热层厚度 δ/mm
−30 ℃ 以下	1	30
−30 ~ −15 ℃	0.6	20
−15 ℃ 以上	0.3	20
0 ℃ 以上	1	10

2.4.4 重伴热和轻伴热

蒸汽伴热方式有重伴热和轻伴热两种。重伴热是指伴热管和样品管直接接触的伴热方式,轻伴热是指伴热管和样品管不直接接触或在二者之间加一层隔离层的伴热方式。重伴热和轻伴热的结构如图 2.12 所示。

（a）单管重伴热　　（b）多管重伴热　　（c）单管轻伴热　　（d）单管轻伴热

图 2.12　重伴热和轻伴热结构示意图

当样品易冷凝、冻结或结晶时，可采用重伴热；当重伴热可能引起样品发生聚合、分解反应或会使液体样品汽化时，应采用轻伴热。

2.4.5　蒸汽伴热系统中使用的疏水器

疏水器也称疏水阀，其作用是定期排出蒸汽伴热系统内的凝结水，阻止蒸汽的泄漏，节约能源。在每个伴热系统中均应单独安装一个疏水器。

疏水器按其工作原理与结构不同，分为多种类型。目前仪表保温系统中常用的疏水器有机械型疏水器、热静力型疏水器、热动力型疏水器和温调式疏水器。

（1）机械型疏水器

机械型疏水器也称浮子型疏水器，是利用凝结水与蒸汽的密度差，通过凝结水液位变化，使浮子升降带动阀瓣开启或关闭，达到阻汽排水的目的。机械型疏水阀的过冷度小，不受工作压力和温度变化的影响，有水即排，加热设备里不存水，能使加热设备达到最佳换热效率。其最大背压率为 80%，工作质量高。机械型疏水阀有自由浮球式、自由半浮球式、杠杆浮球式、倒吊桶式等。

自由浮球式疏水阀的结构简单，内部只有一个活动部件精细研磨的不锈钢空心浮球，既是浮子又是启闭件，无易损零件，使用寿命很长，是生产工艺中加热设备上最理想的疏水阀之一，其工作流程如图 2.13 所示。当设备刚启动时，疏水阀是凉的，膜盒感温元件收缩，阀口 A 开放，连续排出初始空气，实现快速启动，如图 2.13（a）所示。当冷凝水进入疏水阀时，空气从阀口 A 排出，浮球随冷凝水液位上升，冷凝水从阀口 B 排出，如图 2.13（b）所示。当热凝水及蒸汽进入疏水阀时，膜盒内感温液体受热膨胀，带动阀片关闭阀口 A，浮球随凝结水液位调节阀口 B，排出热凝水，如图 2.13（c）所示。当凝结水停止进入疏水阀时，浮球随液位下降关闭阀口 B，由于阀口 B 总是在凝结水液位以下，形成水封，无蒸汽泄漏，如图 2.13（d）所示。

（2）热静力型疏水器

这类疏水器是利用蒸汽和凝结水的温差引起感温元件的收缩或膨胀带动阀芯启闭阀门。热静力型疏水器的过冷度比较大，一般为 15～40 ℃，它能利用凝结水中的一部分显热，阀前始终存有高温凝结水，无蒸汽泄漏，节能效果显著。热静力型疏水器是在蒸汽管道、伴热管线、小型加热设备、采暖设备和温度要求不高的小型加热设备上最理想的疏水阀之一。热静力型疏水阀有膜盒式、波纹管式和双金属片（带）式。

如图 2.14 所示是一种双金属带式疏水器，它利用双金属元件对温度敏感以及热动力阀对压力敏感的原理工作，实现凝结水的连续排放并阻止新鲜蒸汽的泄漏。其温度敏感元件是一个三角形的双金属带，称为 Delta（△）元件，根据蒸汽和凝结水温度的不同控制阀门的开度；其压力敏感元件是由阀杆与阀体构成的热动力阀，根据蒸汽和凝结水压力的不同控制阀门的开度。热动力阀同时起到止逆阀的作用，防止凝结水背压造成的倒流，这种背压有时可达入口压力的 70%。

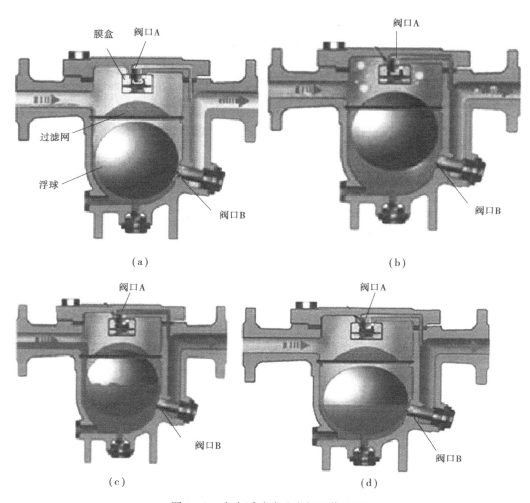

图 2.13　自由浮球式疏水阀工作流程

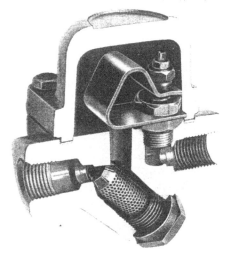

图 2.14　双金属带式疏水器结构图

如图 2.15 所示是双金属带式疏水器的工作原理图。图 2.15(a)是初次启动时的情况,此时双金属带松弛,阀门全开,冷却下来的凝结水和不可凝结的气体(空气和二氧化碳等)可迅速排出。图 2.15(b)是新鲜蒸汽进入时的情况,新鲜蒸汽温度较高,双金属带绷紧,将阀杆上提,阀门紧紧关闭。图 2.15(c)是蒸汽和凝液处于平衡状态时的情况,凝结水温度较低,阀门半开,将凝液排出。

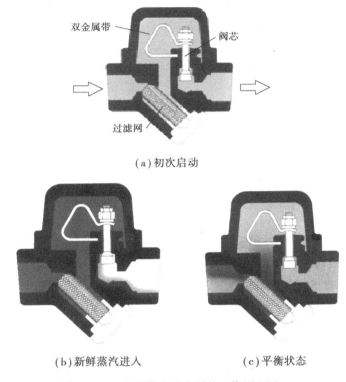

(a) 初次启动

(b)新鲜蒸汽进入　　　　　　　　(c)平衡状态

图 2.15　双金属带式疏水器的工作原理图

(3) 热动力式疏水器

热动力式疏水器根据相变原理,靠蒸汽和凝结水通过时的流速和体积变化不同的热力学原理,使阀片上下产生不同压差,驱动阀片开关阀门。热动力式疏水阀的工作动力来源于蒸汽,因此蒸汽浪费比较大。其结构简单,耐水击,最大允许背压是阀前压力的 50%,有噪声,阀片工作频繁,使用寿命短。热动力式疏水阀有圆盘式、脉冲式、孔板式。

圆盘式疏水器的结构如图 2.16 所示,其控制元件是一个圆盘形的不锈钢阀片,根据凝结水和蒸汽作用在阀片两侧热动力(动压和静压)的大小,控制阀门的开度。

当装置启动时,管道出现冷却凝结水,凝结水靠工作压力推开阀片,迅速排放,如图 2.16(a)所示。当凝结水排放完毕,蒸汽随后排放,因蒸汽比凝结水的体积和流速大,使阀片上下产生压差,阀片在蒸汽流速的吸力下迅速关闭,如图 2.16(b)所示。当阀片关闭时,阀片受到两面压力,阀片下面的受力面积小于上面的受力面积,因疏水阀汽室里面的压力来源于蒸汽压力,所以阀片上面受力大于下面,阀片紧紧关闭,如图 2.16(c)所示。当疏水阀汽室里面的蒸汽降温成凝结水,汽室里面的压力消失。凝结水靠工作压力推开阀片,又继续排放,循环工作,间断排水,如图 2.16(d)所示。

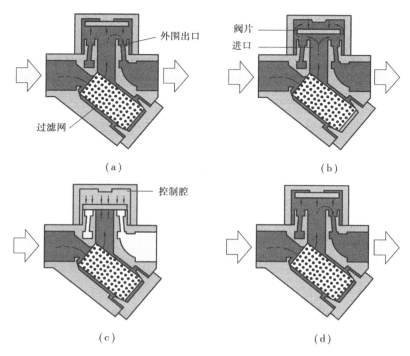

图 2.16 圆盘式疏水器的工作原理

(4)温调式疏水器

可变孔径自动疏水阀是一种温调式疏水器,适用于饱和蒸汽系统。它采用一种对温度敏感的碳氢化合物(蜡状物),可对凝液或蒸汽的温度分别作出反应,将阀门打开或关闭。其工作过程见图 2.17,结构见图 2.18。

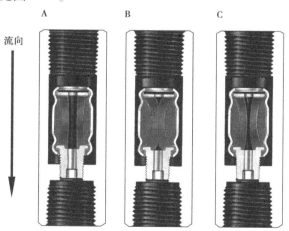

图 2.17 可变孔径自动疏水阀的工作过程

图 2.17 中左边的箭头指示介质流动方向,A——疏水阀全开,准备进入工作状态;B——刚进入工作状态时,新鲜蒸汽温度较高,蜡状物膨胀,将阀紧紧关闭;C——蒸汽和凝液处于平衡状态时,凝液温度较低,蜡状物收缩,阀半开,将凝液和杂质排出。

这种可变孔径自动疏水阀的特点:结构紧凑,体积小,无可动部件;工作时无蒸汽损失;凝液中的固体颗粒物沿直线路径通过,易于排出;负载能力不受限制,范围为 0~90.8 kg/h;可带背压或无背压操作。

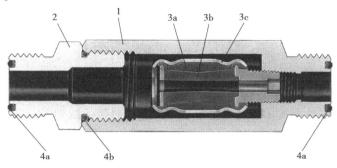

图 2.18　可变孔径自动疏水阀的结构和组成

1—阀体;2—接头;3a—膨胀介质,碳氢化合物(蜡状物);3b—调控部件,碳氟化合物 FKM 或黄铜;
3c—黄铜壳体;4—O 形密封圈,碳氟化合物 FKM

2.5　电伴热

2.5.1　电伴热的优点和缺点

目前,国内工业企业大多使用蒸汽伴热方式,主要原因是可以利用厂内原已存在的蒸汽锅炉,但其伴热效能及日后运转中的维修和消耗都远不如采用电伴热经济。另外,供汽管网和回水管路的材料费用、保温安装及日后维护费用、蒸汽用水的净化费用也是相当可观的。

与蒸汽伴热相比,电伴热具有以下优点:

①电伴热是比较简单的伴热系统,它不像蒸汽伴热那样需要复杂的供汽管网和回水管路,所需的供配电设施可与其他电气线路共用。

②电伴热的热损失范围和运行、维护费用仅限于伴热管线上。

③电伴热是容易控制的伴热系统,其温度控制可以十分精确,这是蒸汽伴热无法达到的。

④无噪声、无污染,不存在"跑、冒、滴、漏"现象。

⑤电伴热带的使用寿命可达 25 年甚至更长。

⑥安装、使用、维护方便。

很多发达国家已在工业领域普遍采用电伴热技术,目前国内新建的大型石化项目中仪表系统的伴热不少已采用电伴热。

与蒸汽伴热相比,电伴热的主要缺点是温度低,热量小。电伴热温度范围通常低于 250 ℃ ,蒸汽伴热范围可达到 450 ℃ ,有些液体样品的汽化仍需采用蒸汽伴热方式。

2.5.2　电伴热带

仪表和自控系统中采用的电伴热带有如下几种:

①自调控电伴热带。

②恒功率电伴热带。

③限功率电伴热带。

这三种均属于并联型电伴热带,它们是在两条平行的电源母线之间并联电热元件构成的。

样品传输管线的电伴热带目前大多选用自调控电伴热带,一般无须配温控器。样品温度较高时(如 CEMS 系统的高温烟气样品)可采用限功率电伴热带。

恒功率电伴热带的优势是成本低,缺点是不具有自调温功能,容易出现过热。它主要用于工艺管道和设备的伴热,用于样品管线伴热时,必须配温控系统。

（1）自调控电伴热带

自调控电伴热带又称功率自调电伴热带,是一种具有正温度特性、可自调控的并联型电伴热带。如图 2.19 所示是美国 Thermon 公司自调控电伴热带的结构图。

自调控电伴热带由两条电源母线和在其间并联的导电塑料组成。所谓导电塑料,是在塑料中引入交叉链接的半导体矩阵制成的,它是电伴热带中的加热元件。当被伴热物料温度升高时,导电塑料膨胀,电阻增大,输出功率减少;当物料温度降低时,导电塑料收缩,电阻减小,输出功率增加,即在不同的环境温度下会产生不同的热量,具有自行调控温度的功能。它可以任意剪切或加长,使用起来非常方便。

这种电伴热带适用于维持温度较低的场合,尤其适用于热损失计算困难的场合。其输出功率(10 ℃时)有 10,16,26,33,39 W/m 等几种,最高维持温度有 65 ℃和 121 ℃两种。所谓最高维持温度,是指电伴热系统能够连续保持被伴热物体的最高温度。

在线分析样品传输管线的电伴热大多选用自调控电伴热带。一般情况下无须配温控器,使用时注意其启动电流约为正常值的 3～5 倍,供电回路中的元器件和导线选型应满足启动电流的要求。

（2）**恒功率电伴热带**

恒功率电伴热带也是一种并联型电伴热带,如图 2.20 所示是一种恒功率电伴热带的结构图。它有两根铜电源母线,在内绝缘层 2 上缠绕镍铬高阻合金电热丝 4。将电热丝每隔一定距离(0.3～0.8 m)与母线连接,形成并联电阻。母线通电后各并联电阻发热,形成一条连续的加热带,其单位长度输出的功率恒定,可以任意剪切或加长。

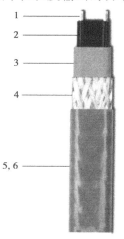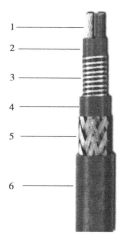

图 2.19　Thermon 公司自调控电伴热带
1—镀镍铜质电源母线;2—导电塑料;
3—含氟聚合物绝缘层;4—镀锡铜线编织层;
5—聚烯烃护套(适用于一般环境);
6—含氟聚合物护套(适用于腐蚀性环境)

图 2.20　恒功率电伴热带
1—铜电源母线;2、4—含氟聚合物绝缘层;
3—镍铬合金电热丝;5—镀镍铜线编织层;
6—含氟聚合物护套

这种电伴热带适用于维持温度较高的场合。其最大优势是成本低,缺点是不具有自调温功能,容易出现过热,用于在线分析样品系统伴热时,应配备温控系统。

(3)限功率电伴热带

限功率电伴热带(Power-Limiting Heating Cable)也是一种并联型电伴热带,其结构与恒功率电伴热带相同,见图2.21。不同之处是它采用电阻合金加热丝,这种电热元件具有正温度系数特性,当被伴热物料温度升高时,可以减少伴热带的功率输出。同自调控电伴热带相比,其调控范围较小,主要作用是将输出功率限制在一定范围之内,以防过热。

限功率电伴热带适用于维持温度较高的场合,其输出功率(10 ℃时)有16,33,49,66 W/m等几种,最高维持温度有149 ℃和204 ℃两种。主要用于CEMS系统的取样管线,对高温烟气样品伴热保温,以防烟气中的水分在传输过程中冷凝析出。

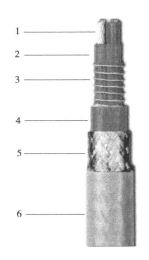

图2.21 限功率电伴热带
1—铜质电源母线;2、4—含氟聚合物绝缘层;
3—电阻合金电热丝;
5—镀镍铜线编织层;6—含氟聚合物护套

2.5.3 电伴热管缆

电伴热管缆(Electric Trace Tubing)是一种将样品传输管、电伴热带、保温层和护套层装配在一起的组合管缆。

如图2.22所示是自调控电伴热管缆的结构图。这种电伴热管缆适用于维持温度较低的场合,最高维持温度有65 ℃和121 ℃两种,被伴热样品管的数量有单根和双根两种。

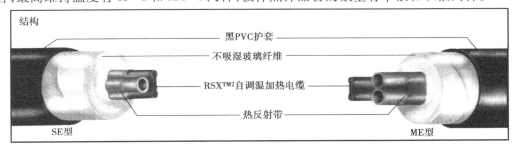

图2.22 自调控电伴热管缆

如图2.22所示,左边为SE型单根样品管管缆,右边为ME型双根样品管管缆。结构(从外到内):护套层为黑色PVC塑料;保温层为非吸湿性玻璃纤维;热反射层为铝铜聚酯带;电伴热带为自调温加热电缆;样品管有各种尺寸和材料的Tube管可选。

除了电伴热管缆之外,还有蒸汽伴热管缆,其结构与电伴热管缆相同,只是用蒸汽伴热管代替了电伴热带。它有重伴热和轻伴热两种类型,被伴热样品管的数量也有单根和双根两种。管缆省却了现场包覆、保温和施工的麻烦,使用十分方便。其防水、防潮、耐腐蚀性能均较好,可靠耐用。

电伴热管缆可根据厂家提供的选型样本选择,有时也需要通过计算加以核准和确认。

图2.23是某公司RSX型自调控电伴热管缆的工作曲线图,样品管是单根1/4 in Tube管,左边的纵坐标为电伴热功率,单位W/ft;右边的纵坐标为环境温度,单位°F;下边的横坐标为

样品管的温度,单位°F。根据样品管需要维持的温度和环境温度的交叉点,就可查出所需的伴热功率。图中间的粗线是不同规格电伴热带的工作曲线,例如标有 RSX3 的粗线是功率 3 W/ft(10 W/m,在 10 ℃时)的 RSX 型自调控电伴热带的工作曲线,根据该曲线的变化可查出用 RSX3 伴热时,在不同环境温度下样品管温度的变化情况。

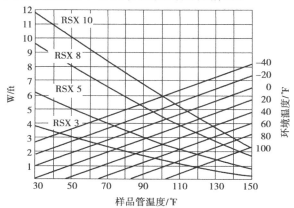

图 2.23　某公司 RSX 型自调控电伴热管缆工作曲线图

2.6　样品系统伴热保温设计计算

2.6.1　电伴热带所需功率的计算

电伴热带所需功率是按单位长度的发热量(W/ft、W/m)计算的。可根据样品管道单位长度的散热量来确定所需电伴热带的功率,散热量按下式计算:

$$Q_E = q_N K_1 K_2 K_3 \tag{2-9}$$

式中　Q_E——单位长度样品管道散热量(实际需要的伴热量),W/m;

　　　q_N——基准情况下样品管道单位长度散热量(表 2.8),W/m;

　　　K_1——保温材料导热系数修正值(岩棉取 1.22,复合硅酸盐毡取 0.65,聚氨酯泡沫塑料取 0.67,玻璃纤维取 1);

　　　K_2——样品管道材料修正系数(金属取 1,非金属取 0.6~0.7);

　　　K_3——环境条件修正系数(室外取 1,室内取 0.9)。

表 2.8　样品管道单位长度散热量[①]　　　　　　　　　　　　单位:W/m

保温层厚度 /mm	温差 ΔT /℃[②]	样品管尺寸/in(DN,mm)			
		1/4,3/8 (6,8,10)	1/2(15)	3/4(20)	1(25)
	20	6.2	7.2	8.5	10.1
10	30	9.4	11.0	12.9	15.4
	40	12.7	14.9	17.5	20.8

续表

保温层厚度 /mm	温差 ΔT /℃②	样品管尺寸/in(DN,mm)			
		1/4,3/8 (6,8,10)	1/2(15)	3/4(20)	1(25)
20	20	4.0	4.6	5.3	6.2
	30	6.2	7.0	8.1	9.4
	40	8.3	9.5	10.9	12.7
	60	12.8	14.7	16.9	19.6
30	20	3.3	3.7	4.2	4.8
	30	5.0	5.6	6.3	7.3
	40	6.7	7.6	8.6	9.8
	60	10.3	11.7	13.2	15.1
	80	14.2	16.0	18.2	20.8
	100	18.3	20.7	2.4	5.8
	120	22.7	25.6	29.0	33.2
	140	27.2	30.8	34.9	40.0
	160	32.1	36.2	41.1	47.1
	180	37.1	42.0	47.6	54.5
40	20	2.8	3.2	3.6	4.0
	30	4.3	4.8	5.4	6.1
	40	5.8	6.5	7.3	8.3
	60	9.0	10.1	11.3	12.8
	80	12.3	13.8	15.5	17.6
	100	15.9	17.8	20.0	22.7
	120	19.7	22.1	24.8	28.1
	140	2.7	5.5	29.8	33.8
	160	27.9	31.2	35.1	39.8
	180	32.3	36.2	40.6	46.0

注:①散热量计算基于下列条件:

隔热材料:玻璃纤维;管道材料:金属;管道位置:室外。

②温差指电伴热系统维持温度与所处环境最低设计温度之差。

2.6.2 蒸汽伴热系统蒸汽用量的计算

蒸汽用量的计算方法如下:

（1）计算蒸汽伴热系统的总热量损失 Q_S

$$Q_S = \sum_{i=1}^{n} (q_p L_i + Q_{bi})$$ （2-10）

式中　Q_S——伴热系统的总热量损失，kJ/h；

　　　q_p——样品伴热管道的散热量，kJ/（m·h⁻¹），可查表2.8样品管道单位长度散热量表求取，换算关系为1 W/m = 3.6 kJ/（m·h⁻¹）；

　　　L_i——第 i 个样品伴热管道的保温长度，m；

　　　Q_{bi}——第 i 个样品处理箱的热损失，kJ/h，可参见本部分样品处理箱加热功率计算；

　　　i——伴热系统的数量，$i = 1, 2, 3, \cdots, n$。

（2）计算蒸汽用量 W_S

$$W_S = K \frac{Q_S}{H}$$ （2-11）

式中　W_S——伴热用蒸汽用量，kg/h；

　　　H——蒸汽冷凝潜热，kJ/kg；

　　　K——蒸汽余量系数。

在实际运行中，应考虑下列诸多因素，取 $K = 2$ 作为确定蒸汽总用量的依据。

①蒸汽管网压力波动。

②隔热层多年使用后隔热效果的降低。

③确定允许压力损失时的误差。

④管件的热损失。

⑤疏水器可能引起的蒸汽泄漏。

2.6.3　样品处理箱电加热功率和蒸汽用量计算

样品处理箱的伴热保温可采用电加热器 + 温控器的方案，也可采用蒸汽加热器 + 温控阀的方案。

（1）电加热功率的计算

①计算样品处理箱的散热量，计算式为

$$Q = \frac{\lambda}{\delta} \times \Delta t \times S$$ （2-12）

式中　Q——样品处理箱的散热量，W；

　　　λ——保温材料的热导率，W/（m·k），可查表2.9求取；

　　　δ——保温层厚度，m；

　　　Δt——最低环境温度和样品处理箱内设定温度之差，℃；

　　　S——样品处理箱的散热面积（6个外表面的面积之和），m²。

②计算其他因素造成的热量损失。如现场平均风速对散热的影响，与箱体连接的金属支架热传导损失的热量，箱门密封不严、箱体缝隙等损失的热量，保温层多年使用后隔热效果的降低等因素。

③计算电加热系统启动时将箱内温度升至设定温度所需的热量。

④计算系统运行中样品处理部件时吸收并由流动的样品带走的热量。

对于样品处理箱来说,上述②—④步很难加以计算,也没有必要进行计算,一般是根据经验将计算所得样品处理箱的散热量乘上一个放大系数,作为所需的电加热最大功率。通常放大系数取 200%,也可取得稍大一些。

表2.9　各种保温材料在不同温度下的热导率

保温材料	热导率/[W·(m·k)$^{-1}$]					
	−10 ℃	10 ℃	50 ℃	100 ℃	150 ℃	200 ℃
玻璃纤维	0.033	0.036	0.040	0.046	0.053	0.059
岩棉	0.041	0.044	0.049	0.056	0.065	0.072
矿渣棉	0.037	0.04	0.045	0.051	0.059	0.066
珍珠岩	0.043	0.047	0.052	0.060	0.069	0.077
聚氨酯泡沫塑料	0.022	0.024	0.027	0.031	0.035	0.037
聚苯乙烯泡沫塑料	0.029	0.031	0.035	0.040	0.046	0.051
硅酸钙	0.05	0.054	0.06	0.069	0.080	0.089
复合硅酸盐毡 FHP-VB	0.022	0.0234	0.026	0.03	0.035	0.038

(2)蒸汽用量的计算

蒸汽用量可按下式计算:

$$蒸汽用量(kg/h) = K \times \frac{蒸汽加热功率(kJ/h)}{蒸汽冷凝潜热(kJ/kg)} = K \times \frac{电加热功率(W = 3.6 \ kJ/h)}{蒸汽冷凝潜热(kJ/kg)} \tag{2-13}$$

式中,K 为蒸汽余量系数,一般取2;当用电加热功率进行折算时,可根据具体情况在1.5~2选取。低压蒸汽的冷凝潜热可查表求取。电加热功率与蒸汽加热功率之间的换算关系推导如下:

$$1 \ J = 1 \ W \cdot s$$

$$1 \ W = 1 \ J/s = \frac{1 \ J \times 3 \ 600}{s \times 3 \ 600} = \frac{3 \ 600 \ J}{h} = 3.6 \ kJ/h$$

(3)计算示例

一样品处理箱的外形尺寸为 600 mm × 600 mm × 400 mm($H \times W \times D$),箱体材料为 2 mm 厚的不锈钢板或碳钢板,内有 25 mm 厚的保温层,保温材料为聚苯乙烯泡沫塑料。现场最低环境温度为 −34 ℃,样品处理箱内须维持的温度为 50 ℃,采用电加热器 + 温控器的方案,试计算电加热器的最大功率。如采用蒸汽加热器 + 温控阀的方案,其蒸汽用量是多少?

解:①电加热功率的计算

a.计算样品处理箱的散热面积:

$$S = (600 \ mm \times 600 \ mm \times 2) + (600 \ mm \times 400 \ mm \times 4) = 0.72 \ m^2 + 0.96 \ m^2 = 1.68 \ m^2$$

b.确定其他计算所需参数:

查表求得聚苯乙烯泡沫塑料在 50 ℃下的热导率 λ 为 0.035 W/(m·k)。

保温层厚度 δ 为 25 mm = 0.025 m。

环境最低温度和样品处理箱内设定温度之差 $\Delta t = 50 ℃ − (−34 ℃) = 84 ℃$。

c. 将上述数据带入式(2-12)计算箱体散热量:

$$Q = \frac{\lambda}{\delta} \times \Delta t \times S = \frac{0.035}{0.025} \times 84 \times 1.68 \approx 198(\text{W})$$

d. 将计算所得箱体散热量乘以放大系数 200%，得 396 W。

答:该样品处理箱的电加热功率应为 396 W。

②蒸汽用量的计算

根据最低环境温度采用 0.6 MPa(A) 的低压蒸汽伴热,其冷凝潜热为 $498.6 \times 4.186\ 8$ kJ/kg。蒸汽加热功率可按电加热功率折算,452 W = 452×3.6 kJ/h = 1 627 kJ/h。将上述数据带入式(2-13)计算蒸汽用量:

$(1627\ \text{kJ/h} \div 498.6 \div 4.186\ 8\ \text{kJ/kg}) \times (1.5 \sim 2) = 0.78\ \text{kg/h} \times (1.5 \sim 2)$

$= 1.17 \sim 1.56\ \text{kg/h}$

答:该样品处理箱的加热蒸汽用量应为 $1.17 \sim 1.56$ kg/h。

思考题

2.1 取样点的位置如何选择?

2.2 对于清洁样品、含尘气样、脏污液样,各应采用何种探头取样?

2.3 直通式取样探头有哪几种常用规格? 各适用于什么场合?

2.4 什么是不停车带压插拔式取样探头?

2.5 加热过滤取样探头用于什么场合? 如何防止过滤器堵塞?

2.6 对样品传输的基本要求有哪些?

2.7 什么是快速回路? 快速回路的构成形式有哪几种?

2.8 什么是返回到装置的快速循环回路? 设计快速循环回路时应注意哪些问题?

2.9 样品传输的管材和管件如何选择?

2.10 什么是 Pipe 管? 什么是 Tube 管? 它们之间有何不同?

2.11 样品传输管线为什么要进行伴热或隔热保温? 哪些样品需要伴热或隔热保温传输?

2.12 蒸汽伴热有何优缺点?

2.13 与蒸汽伴热方式相比,电伴热有何优越性?

2.14 电伴热系统中采用的伴热带有哪几种? 什么是自调控电伴热带? 什么是恒功率电伴热带? 什么是限功率电伴热带?

2.15 如何确定所需电伴热带的功率?

第 3 章
样品处理和排放

分析仪通常需要不含干扰组分的清洁、非腐蚀性的样品，在正常情况下，样品处理必须在限定的温度、压力和流量范围之内。样品处理的基本任务和功能可归纳如下：

①流量调节，包括快速回路和分析回路。

②压力调节，包括降压、抽吸和稳压。

③温度调节，包括降温和保温。

④除尘，包括除去样品中的颗粒物，包括结晶物等。

⑤除水除湿，降低样品露点，满足分析仪器对样品检测的要求。

⑥去除有害物，包括对分析仪有危害的组分和影响分析的干扰组分。

样品处理通常在样品取出点之后和/或紧靠分析仪之前进行，为了便于区分，习惯上把前者叫作样品的初级处理（或前级处理），而把后者叫作样品的主处理。采样处理装置包括采样预处理器和采样处理器，采样预处理器宜设置在靠近采样点处，采样处理器宜设置在靠近分析仪处。采样预处理器对取出的样品进行初步处理，使样品适宜传输，缩短样品的传送滞后，减轻主处理单元的负担，如减压、降温、除尘、除水、汽化等。采样处理器对样品做进一步处理和调节，如温度、压力、流量调节和精细过滤、除湿干燥、去除有害物等，安全泄压、限流和流路切换一般也包括在该单元之中。

3.1 样品的流量调节

3.1.1 流量调节部件

样品处理系统常用的流量调节部件主要有以下几种。

（1）球阀

球阀的阀芯呈球形，用于切断或接通样品流路。样品处理系统中大量使用的是二通球阀和三通球阀，根据驱动方式，二通、三通球阀又可分为手动、气动、电动几种。此外，有时在少数场合使用四通、五通、七通球阀。图 3.1 是二通、三通球阀的结构图。

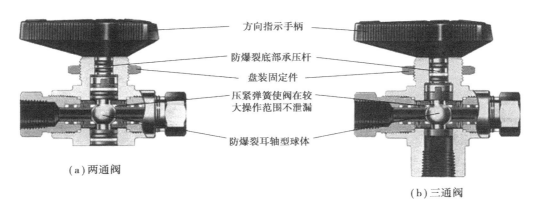

（a）两通阀

（b）三通阀

方向指示手柄
防爆裂底部承压杆
盘装固定件
压紧弹簧使阀在较
大操作范围不泄漏
防爆裂耳轴型球体

图 3.1　二通、三通球阀结构图

（2）旋塞阀

旋塞阀是关闭件或柱塞形的旋转阀，通过旋转90°使阀塞上的通道口与阀体上的通道口相通或分开，实现开启或关闭的一种阀门。圆柱形旋塞阀旋塞通道一般呈矩形，圆锥形旋塞通道一般呈梯形。旋塞阀的结构见图 3.2，工作状态如图 3.3 所示。旋塞阀是使用较早的一种阀门，结构简单、开关迅速、流体阻力小。普通旋塞阀靠精加工的金属塞体与阀体间的直接接触来密封，所以密封性较差，启闭力大，容易磨损，通常只能用于低压（不高于 1 MPa）和小口径（小于 100 mm）的场合。

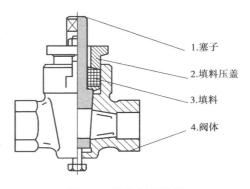

1.塞子
2.填料压盖
3.填料
4.阀体

图 3.2　旋塞阀结构图

旋塞阀一般是按其分流方式来进行分类，可以分为直通式、三通式、四通式等。直通式的旋塞阀一般是用于控制直管段上介质的流通，三通式旋塞阀和四通式旋塞阀一般是用于分配介质和改变介质的流向。

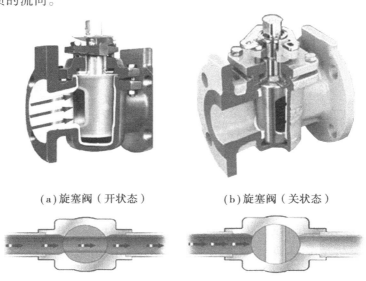

（a）旋塞阀（开状态）　　　　　（b）旋塞阀（关状态）

图 3.3　旋塞阀工作状态图

（3）单向阀

单向阀又称止逆阀、止回阀,只允许样品单向流动,而不能逆向流动。如图 3.4 所示为单向阀的结构图,气样从 P 口进入,克服弹簧力和摩擦力使单向阀阀口开启,气样从 P 口流至 A 口;当 P 口无气样时,在弹簧力和 A 口(腔)余气力作用下,阀口处于关闭状态。

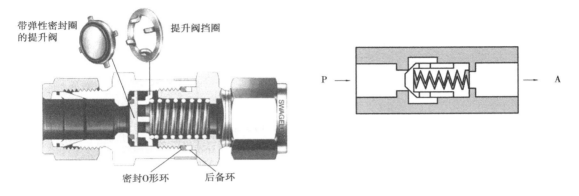

带弹性密封圈的提升阀　提升阀挡圈

密封O形环　后备环

图 3.4　单向阀结构图

如图 3.5 所示为举升式单向阀的结构图,气样从 P 口进入,克服阀芯重力,举升阀芯,使单向阀阀口开启;当 P 口无气样时,在重力和 A 口(腔)余气力作用下,阀口处于关闭状态。这种单向阀结构紧凑,不需要弹簧或胶垫。单向阀应用于不允许气流反向流动的场合。

（4）针阀

针阀的阀芯呈圆锥形,用于微调样品的流量和压力。图 3.6 是针阀的结构图。针阀的气体流通管路上设置有小的孔口,调节针状密封轴和孔口的距离就可以连续改变流路的导通率,以达到控制气体流量的目的。安装时应注意使介质的流向与阀体上的箭头方向一致。

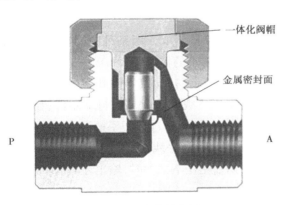

一体化阀帽

金属密封面

图 3.5　举升式单向阀

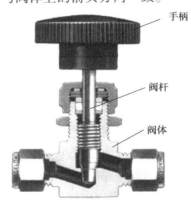

手柄

阀杆

阀体

图 3.6　针阀结构图

（5）稳流阀

用于稳定样品流量和压力。稳流阀的结构有多种形式,但它们都具有在输入压力或输入负载变化时自动保持输出流量恒定的性能。图 3.7 是一种稳流阀的结构示意图。

这是一种力平衡式压力调节器。输入压力为 P_{in} 的气体,进入阀内 a 室,设其压力为 P_a,即 $P_{in} = P_a$。经有倒立锥度的导阀 2 进入 b 室,设其压力为 P_b。气体再经针阀的阀针节流后分为两路,一路反馈进入 c 室,设其压力为 P_c,一路作为输出,压力为 P_{out},显然 $P_c = P_{out}$。

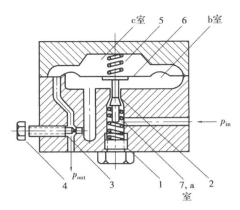

图 3.7　稳流阀结构示意图
1—阀体；2—导阀；3—针阀阀针；4—针阀手柄；5—偏置弹簧 S_1；
6—聚四氟乙烯膜片；7—支撑导阀弹簧 S_2

在 b、c 两室间有一面积为 S 的聚四氟乙烯膜片相隔。由于导阀和膜片相连，作用在膜片导阀上的作用力为偏置弹簧 S_1 产生的弹力 F_{S1} 和支撑导阀弹簧 S_2 产生的弹力 F_{S2}，由于 $F_{S1} > F_{S2}$，导阀总保持一定开度。当针阀关闭时，$P_c = 0$，$F_{S2} + P_b S \gg F_{S1}$，膜片上升带动导阀上升，a、b 室通道被切断，进一步使输出无压力。调节针阀手柄使阀针保持一定开度，设气体通过此阀针的气阻为 R。封存在 b 室的气体一旦经针阀流出后，作用在膜片上的弹簧弹力使导阀下移，气样重新进入 b 室，经阀针后，一路反馈进入 c 室，一路作输出。这时，导阀的位置取决于 F_{S1}、F_{S2}、$P_b S$、$P_c S$ 的力平衡，由于 F_{S1}、F_{S2}、S 恒定，导阀位置取决于 b、c 两气室的压力 P_b、P_c，即取决于针阀的压差 ΔP。在此压差下，设输出流量为 Q，则

$$Q = \frac{P_b - P_c}{R} = \frac{\Delta P}{R}$$

只要保持膜片两侧的压差 ΔP 不变，输出流量就能保持不变。因某种原因 P_{in} 增高时，通过一定开度的导阀的气体流速加快，P_b 随之增高。由于输出的体积较大，压力来不及反馈至 c 室时，膜片受自下而上的力，破坏了原来的平衡，于是膜片上移，导致导阀开度变小，流速下降使 P_b 减小，从而保持 ΔP 差值不变。反之亦然。当输出负载变化时导阀自动跟踪，始终保持上式中的 ΔP 差值不变，使 Q 值不变，若需要改变输出流量时，通过针阀手柄调节阀针进退，线性改变气体的流通截面，即线性改变 R 值大小，使输出流量 Q 呈线性变化。

稳流阀的稳流性能是有条件的，只有当输入压力 P_{in} 变化不太大时，输出才具有高稳定性。因此，一般稳流阀前需串接针阀限制压力的过大波动。

（6）限流阀

限流阀是一种安全保护阀，用于液化石油气、天然气等介质管道。在管道内介质流速超过设定值、流速过大时自动关闭，以防止事故的发生或扩大。一般安装于贮罐进出口或管道出口，保护下游设备的安全性和可靠性。当管道或附件由于破损导致介质向外界直接泄漏时，引起流速急速加大，使管道内的介质流量超过阀门的设定值时，在介质压差的作用下，阀门将自动关闭，阻止事故的进一步扩大。事故排除后，阀门将自动重新恢复至运行状态。适用于安装在罐区管道或装卸管道的进出口处。限流阀结构如图 3.8 所示。

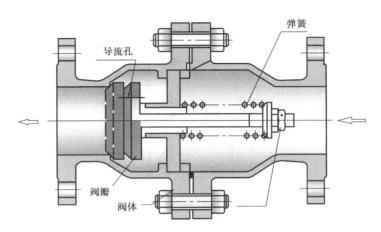

图 3.8　限流阀结构示意图

(7)浮子流量计

浮子流量计又称转子流量计,用于指示样品流量。其锥形圆管材料有玻璃和金属两种,浮子材料有不锈钢、铜、铝、塑料等几种。样品系统中多使用带针阀的浮子流量计,既可指示流量,也可调节流量。有时也使用带流量下限报警接点的浮子流量计,当样品流量低于规定值时发出报警信号,以免分析仪发出错误的测量信号。

3.1.2　流路切换系统

(1)单流路分析系统和多流路分析系统

单流路分析系统是指一台分析仪只分析一个流路的样品。多流路分析系统是指一台分析仪分析两个以上流路的样品,它通过流路切换系统进行各个样品流路之间的切换。这里主要是指过程气相色谱仪。

相对于多流路分析系统而言,单流路分析系统分析周期短,不存在样品之间的掺混污染问题,系统可靠性较高,但其价格也相对要高一些。在进行二者之间的价格评估时,必须考虑到单流路分析系统在速度和可靠性方面的明显优势。对于在线分析来说,重要测量点应优先采用单流路分析系统,对于闭环自动控制则必须采用单流路分析系统。

一台多流路分析仪和数台单流路分析仪相比,价格明显要低得多。多流路分析系统的缺点是:

①当分析仪出现故障停运时,会导致所有流路的分析中断和信息损失。

②样品之间可能出现的掺混污染。

③一个流路在循环分析之间的时间延迟。

④由于流路切换系统的复杂性,增大了故障概率和维护量。

当工艺变化比较缓慢,对在线分析的速度要求不高,且分析结果不参与闭环控制,仅作为工艺操作指导时,可采用多流路分析系统。

(2)流路切换系统

在多流路分析系统中,造成样品之间掺混污染的最常见原因是阀门泄漏以及死体积中滞留的样品。多流路分析系统的设计应使被选择的流路样品不受其他流路样品的污染。防止污染通常采用下述两种方法。

①切断和泄放系统:它是采用两个三通阀的双通双阻塞系统,其构成和原理见图 3.9。

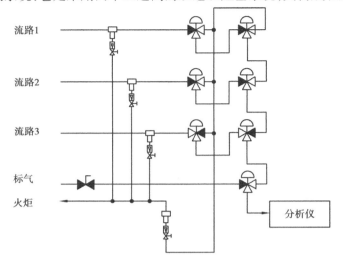

图 3.9　切断和泄放系统

　　图 3.9 中流路 3 被选择,流路 1 和流路 2 中的样品被双阀截断,双阀之间死体积中滞留的样品或由于阀门偶尔泄漏流入的少量样品经旁通管路排入火炬系统,不会对流路 3 造成污染。

　　②反吹洗涤系统:它是采用被选择流路的样品反向吹洗其他流路的系统,其构成和原理见图 3.10(图中二通阀实芯三角表示截断状态,空芯三角表示导通状态)。

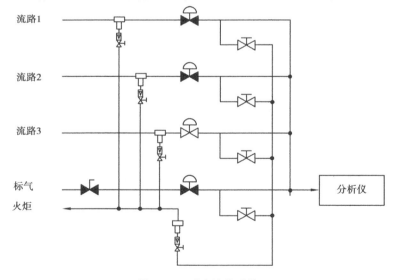

图 3.10　反吹洗涤系统

　　图 3.10 中流路 3 被选择,流路 1、流路 2 和标准气流路的样品被气动二通阀截断。流路 3 的样品在流向分析仪的同时,会反向吹洗流路 1、流路 2 和标准气流路,将上述流路气动二通阀前滞留的样品或由于阀门偶尔泄漏流入的少量样品吹出,经旁通管路排入火炬系统,因而不会对流路造成污染。

3.2　样品的压力调节

3.2.1　压力调节部件

样品处理系统常用的压力调节部件主要有以下几种：

（1）压力调节阀

压力调节阀也称为减压阀，是取样和样品处理系统中广泛使用的减压和压力调节部件。按照被调介质的相态，可分为气体减压阀和液体减压阀两类，气体减压阀又有多种结构类型，如普通减压阀、高压减压阀、背压调节阀、双级减压阀、带蒸汽或电加热的减压阀等。

（2）稳压阀和稳压器

稳压阀的结构及工作原理和稳流阀完全相同，事实上两者是一码事。稳流必须稳压，只有稳定了压力，流量才能稳定。

鼓泡稳压器俗称液封，也是样品处理系统使用的一种稳压装置，其结构简单，制作容易，一般适用于密

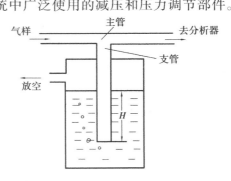

图 3.11　鼓泡稳压器示意图

封的内外压差不是很大，而密封要求比较高或者不太适合安装阀门的地方。工作原理见图 3.11。图 3.11 中 H 为支管插入液体的深度，ρ 为液体密度。当气样压力增高时，主管压力亦增高，当主管压力大于 $\rho g \times H$ 时（g 为重力加速度），气样就通过液体鼓泡并由放空管排出，使进入分析器的气样压力保持 $\rho g \times H$ 不变，从而起到稳压的作用。

使用时注意调整气样压力，使一部分气样始终不断地从液封中鼓泡排出。当工艺管道内压力波动幅度较大时，可以使用两级鼓泡稳压器。两级液封的高度分别为 H_1 和 H_2，它们由分析器气样入口处额定压力大小来决定。例如，已知某分析器入口压力为 $\rho g \times H_2$，通过此式即可求得第二级液封的插入深度。一般第一级液封的插入深度比第二级加深 20% ~ 40% 即可。

（3）泄压阀

泄压阀又称安全阀，用以保护分析仪和某些耐压能力有限的样品处理部件免受高压样品的损害。如图 3.12 所示是一种球阀式安全泄压阀的结构图。当系统压力超过由弹簧力确定的安全值时，气源压力推动阀口球体上升，安全阀打开，将系统中的一部分气体从阀口排入大气，使系统压力不超过允许值，从而保证系统不因压力过高而发生事故；当气源压力低于安全值时，弹簧驱动阀杆下移，推动球体关闭阀口。

（4）压力表

测量氨气、氧气等介质压力时，应采用氨用压力表、氧用压力表等专用压力表。测量强腐蚀性介质压力时，可选用隔膜压力表。

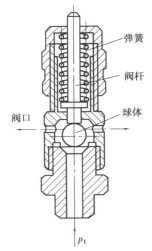

图 3.12　泄压阀结构图

（图中标注：弹簧、阀杆、球体、阀口、p_1）

3.2.2 气体样品的减压

(1) 高压气体的减压

气体的减压一般在样品取出后立即进行(在根部阀处就地减压),特别是高压气体的减压,因为传送高压气体时可能发生危险,并且会因延迟减压造成气体体积膨胀,带来过大的时间滞后。

6.3 MPa 以上的高压气体减压时应注意以下问题:

①根据焦耳-汤姆逊效应,气体节流膨胀会造成温度急剧下降,可能导致某些样品组分冷凝析出,周围空气中的水分也会冻结在减压阀上而造成故障。因此视情况可采用带伴热的减压阀或在前级处理箱中设置加热系统。

高压气体经减压阀后压力降低、体积膨胀,是一个节流膨胀过程,这一过程连续进行且进行得较快,气体来不及和外界进行热交换,因此,可以认为这一过程是一个绝热膨胀过程。气体节流膨胀需要对外界做功,由于是绝热膨胀,做功所需能量完全来源于气体本身内能的消耗,内能消耗的结果是温度降低,根据气体热力学定律可以推导出如下气体绝热膨胀时温度降低的近似计算公式:

$$\Delta t = k(p_1 - p_2) \times \frac{273}{t_1 + 273} \tag{3-1}$$

式中 p_1、t_1——气体减压前的压力(100 kPa)和温度,℃;

p_2、t_2——气体减压后的压力(100 kPa)和温度,℃;

Δt——气体减压前后的温度降幅,$\Delta t = t_1 - t_2$;

k——由气体性质决定的系数,其值一般为 0.29 ~ 0.55。

由式(3-1)可以看出,气体减压前后的温度降幅 Δt 与压力差$(p_1 - p_2)$成正比,与气体的初始温度 t_1 成反比,即压力越高、温度越低的气样减压后温度降低幅度越大。此外,Δt 还与气体的性质(k 值)有关。

高压气体减压系统设计时,降温幅度可按 0.3 ℃/0.1 MPa(无机气体)、0.5 ℃/0.1 MPa(有机气体)粗略估算,即压力每降低 0.1 MPa,温度下降 0.3 ~ 0.5 ℃。

②在高压减压场合,为确保分析仪的安全,在进分析小屋之前的样品管线上,应安装防爆片来加以保护。不应用安全阀来替代防爆片,因为安全阀有时会"拒动作",且其启动时的排放能力不足以提供完全的保护。

(2) 背压调节阀

背压调节阀用于稳定分析仪气体排放口的压力,这种压力对于分析仪的检测器来说,称为分析样品的背景压力,简称背压。当排放口外部的气压波动时(这种情况一般发生在集中排气系统和火炬排放管路中),这种波动会迅速传递到检测器中,影响分析测定的正常进行和测量结果的准确性。此时应安装背压调节阀,以稳定背压。

背压调节阀和普通的单级压力调节阀的不同之处在于前者调节阀前压力,后者调节阀后压力,所以也将它们分别称为阀前压力调节阀和阀后压力调节阀,其结构见图 3.13。

(3) 蒸汽和电加热减压汽化阀

蒸汽加热减压汽化阀和电加热减压汽化阀一般用于需要将液体样品减压汽化后再进行分析的场合。液体的汽化潜热很大,减压汽化要吸收大量的热能,此时需采用带加热的减压阀。

蒸汽加热和电加热减压汽化阀的结构见图 3.14 和图 3.15。由于受防爆条件的限制,电加热减压汽化阀的加热功率不大(一般不超过 200 W),选用时应注意。

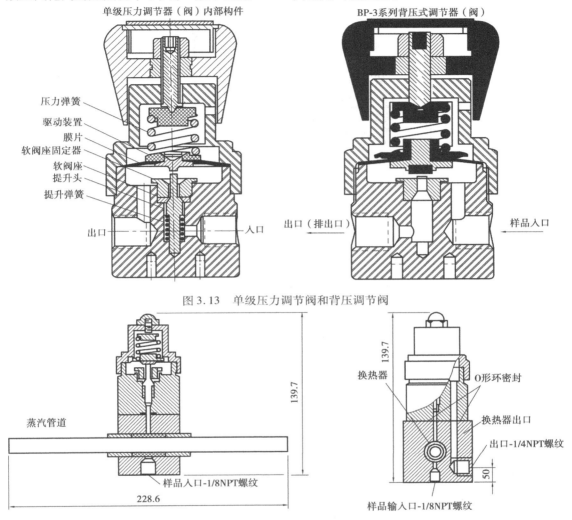

图 3.13 单级压力调节阀和背压调节阀

图 3.14 蒸汽加热减压汽化阀结构图

3.2.3 液体样品的减压

液体属于不可压缩性流体,当压力不高时,利用管道内部的流动阻力即可达到减压的目的。当压力较大时,如高压锅炉炉水或蒸汽凝液的减压,可使用液体减压阀、减压杆或限流孔板减压,它们都是依据间隙(缝隙)限流减压的原理工作的。限流孔板实际上是使流体通过一段内径很小的管子(可小至 0.13 mm)。无论是液体减压阀、减压杆还是限流孔板,使用时应注意流体中不应含有可能堵塞间隙或孔径的颗粒物,减压后的流体应保持通畅,否则液体的不可压缩性又会迅速把压力传递回来。

(1) 液体减压阀

图 3.16 是双螺杆式液体减压阀的结构图。

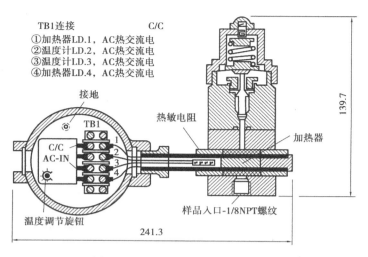

图 3.15　电加热减压汽化阀结构图

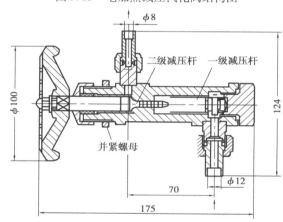

图 3.16　双螺杆式液体减压阀结构图

该阀采用螺纹间隙减压方式工作。由圆柱形螺纹阀杆作为一级减压阀杆,将样液的压力由高压减至中、低压;针形阀杆作为二级减压阀杆,将样液的压力由中压减至低压并调节样液流量。当样液流经一级阀杆旋槽和阀体之间的缝隙时,流动受到阻力,样液受阻路程越长,受到的阻力越大,减压效果越明显。改变一级阀杆的位置,可以改变样液受阻路程,从而改变减压幅度。同样,改变二级阀杆的位置,可以调节样液出口压力和流量。当用于高温高压样液减压时,液体减压阀应安装在水冷却器之后的样液流路中。

双螺杆式液体减压阀的主要性能指标如下:

样液温度:不大于 80 ℃;公称压力:32 MPa;出口压力:0.2 ~ 0.5 MPa;出口流量:0.5 ~ 3.0 L/min;入口管径:ϕ12 mm;出口管径:ϕ8 mm;材质:不锈钢,密封件为聚四氟乙烯 O 形圈。

(2)减压杆

图 3.17、图 3.18 分别是减压杆的外形图及结构简图。减压杆用于高压液体样品的减压和流量控制,其结构是一种套管式的杆形部件,当液体样品通过多级减压杆和套管内径之间的缝隙时,样品的压力逐步降低。减压过程是在整个减压杆长度内完成的,因此可将局部受压状态保持在最低限度。通过转动导引螺杆手柄改变减压杆在套管中的长度,可以调节样品通过

减压杆时的流速和压降。当液体样品中的杂质阻塞样品流动时,减压杆可以完全缩回,利用样品压力把杂质清扫干净。

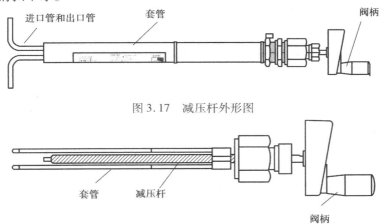

图 3.17　减压杆外形图

图 3.18　减压杆结构简图

图 3.19 是 VREL 减压杆用于高温高压水样处理时的系统组成图。减压杆必须安装在样品冷却器的后面,这是因为如果先减压后降温,当样品压力降到低于某一饱和点压力(临界压力)时,高温热水会在减压杆内闪蒸成蒸汽,使减压杆无法工作。当减压杆下游部件发生故障,出现阻断样流的情况时,由于液体是不可压缩性流体,其压力会很快经减压杆的间隙传递过来,会给下游耐压能力有限的部件乃至分析仪造成危害。图 3.19 中安全阀的作用是将这种高压泄放掉,以便有效保护下游部件和分析仪。

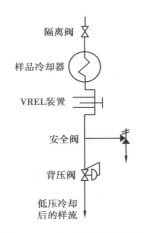

图 3.19　VREL 减压杆用于高温高压水样处理时的系统组成图

3.2.4　样品泵

样品系统所用的泵,其体积流量远小于工艺装置中所用的泵,泵送效率和动力消耗相对而言是不太重要的,而高可靠性、样品不受污染、耐腐蚀性则是重要的问题。样品系统中使用的泵有隔膜泵、喷射泵、膜盒泵、电磁泵、活塞泵、离心泵、齿轮泵、蠕动泵等多种类型。

一般来说,对于压力不大于 0.01 MPa(G)的微正压或负压气体样品的取样需要使用泵抽吸的方法,使样品达到分析仪要求的流量,隔膜泵和喷射泵是常用的两种抽吸泵。在样品(包括气体和液体样品)增压排放系统中,常采用离心泵、活塞泵、隔膜泵、齿轮泵等进行输送,具体选型根据排放流量和升压要求而定。在液体分析仪的加药计量系统中,多采用小型精密的活塞泵、隔膜泵、蠕动泵等。在气液分离系统中,也可采用蠕动泵替代气液分离阀起阻气排液作用。

(1)隔膜泵

隔膜泵通过隔膜将泵的机械传动部分和润滑系统与样品隔离开来,增加或减小泵腔的体积,通过入口和出口止回阀的定位,迫使样品流体只朝一个方向流动。泵腔体积的增加或减小是通过偏心轮驱动轴来完成,而带连接杆的驱动轴与隔膜底部连接。隔膜泵工作时,通过机械冲程活塞或由连接杆移动,使软隔膜扩张和收缩来抽取气体。隔膜往复运动,当隔膜向下运动时,空腔的体积变大,入口止阀打开,出口止回阀关闭,允许工艺流体进入空腔。当隔膜向上运动时,空腔体积减小,入口止回阀关闭,出口止回阀打开,工艺气体从泵中排出。因为只有泵腔、隔膜和阀门与气体接触,故气体被污染的可能性很小。样品不会受到污染,选用合适的隔膜材料也可解决腐蚀性样品带来的问题,因此,隔膜泵是最适用于样品系统的泵。隔膜泵的工作原理示意图见图3.20,隔膜泵的结构见图3.21。

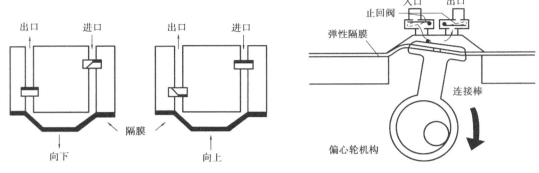

图3.20　隔膜泵工作原理示意图　　　　　　图3.21　隔膜泵结构简图

隔膜泵中的止回阀和泵壳可由许多不同的防腐材料制成,包括不锈钢、合金钢以及各种氯聚合树脂。隔膜大多为圆形,由软金属片、聚四氟乙烯、聚氨酯或其合成橡胶制成,这类泵的维护量低,没有轴密封,需要定期对隔膜和止回阀进行更换,隔膜泵是无油泵,避免了油蒸气污染的问题。

（2）喷射泵

喷射泵也叫喷射器或空气吸气器,其工作原理基于伯努利效应。它是利用高速第二流体(水、空气或蒸汽,又称工作流体)在文丘里管中产生的低压把样品抽吸出来的装置。

喷射泵的结构如图3.22所示。以水、压缩空气、蒸汽作为动力,这些流体经喷嘴进入腔体,形成低压区,从而把低压样品吸入,再经扩压管中的喉管将混合流体升压后排出,控制第二流体入口压力,就能控制样品的吸入量。

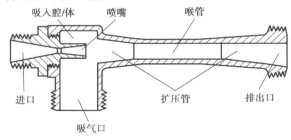

图3.22　喷射泵(文丘里抽吸器)的结构

喷射泵的工作原理是以伯努利方程为基础的。伯努利方程如下:

$$\frac{P}{\rho} + \frac{v^2}{2} = C$$

式中　P——第二流体的静压力;

ρ——第二流体的密度;

v——第二流体的流速;

C——常数。

由流体流动的连续性原理可知,流体在管道内各点的流速必然随管道截面积的变化而变化。第二流体流经截面积小的管道处时,其流速必然增大,引起该处动压能 $v^2/2$ 急剧增大。由伯努利方程可知,该处静压 P 急剧下降。当流速增大到其静压小于样品的静压时,样品便会被源源不断吸入,这样便实现了低压样品的抽吸取样。

喷射泵的体积小,结构简单,材质可用不锈钢、工程塑料或聚四氟乙烯。由于样品经过泵后与第二流体发生混合,因而喷射泵应位于分析仪之后。使用喷射泵需要注意的主要问题是分析仪之前的样品管线和部件必须严格密封,以防环境空气被吸入。

（3）蠕动泵

蠕动泵输送液体的原理是靠一对辊轮转动,挤压泵室的蠕动泵管排出液体,蠕动泵的结构通常由电机与泵头组成,泵头由转子和泵室两部分组成。转子和泵室之间是一根有弹性、耐腐蚀的泵管,泵转子分布有间隔均匀的辊轮,从转子向泵室方向挤压泵管,辊轮和泵室之间的泵管中,就会有一段段的液体,当新的一段液体从泵的一边进入泵中时,前一段的液体就会从泵另一边的出口排出。蠕动泵工作过程见图 3.23。

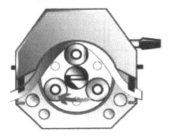 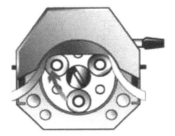 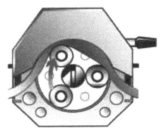

(a) 液体进入泵室　　　　(b) 液体在滚轮和泵室之间　　　　(c) 液体流出泵室

图 3.23　蠕动泵工作过程示意图

蠕动泵适用于输送液体,其输出为不连续的脉动。蠕动泵是通过小内径、具有弹性的泵管来输送少量液体,包括浆液,都可以很容易地通过蠕动泵输送。蠕动泵是在线气体分析系统的样品处理系统的常用部件,主要用于气溶胶过滤器以及冷凝除湿器,收集冷凝液体并及时排放。其优点是可以及时将冷凝的液体排放,又可以保证被冷凝的气体管路的密封,能提供流动速率非常稳定、体积小而精确的样品。长期、连续的挤压很容易造成泵管的损坏,一般要求 60 天左右就要对蠕动泵的泵管进行预防性更换。如果液体中含有固体颗粒物,泵管的损耗会更加严重。蠕动泵是系统中维护量最大的部件。

3.3　样品的温度调节

3.3.1　气体样品的降温

对于干燥或湿度较低的气体样品,在裸露管线中通过与环境空气的热交换就能迅速冷却下来,这是因为气体的质量流量与体积流量相比是很小的,其含热量相对于样品管线的换热面积而言也是小的。有时为了缩短换热管线长度,也可采用带散热片的气体冷却管。一般来说,气体样品的降温不需要采取其他措施。

在样品处理系统中,也常采用涡旋管冷却器、压缩机冷却器、半导体冷却器等对气体样品进行降温处理,但其作用和目的主要不在于降温,而在于除水,这几种样品处理装置将在3.5节介绍。

3.3.2 液体样品的降温

液体样品与气样相比有大得多的质量流量,其降温需要通过与冷却介质换热来实现。最常用的降温方法是采用水冷器,水冷器有列管式、盘管式和套管式3种。

列管式水冷器又称为管束式水冷器,其结构如图3.24所示。盘管式水冷器也称为螺旋管或蛇管水冷器,其结构如图3.25所示。套管式水冷器的结构如图3.26所示。在这种冷却器中,小口径内管和大口径外管同轴放置,内管通样品,外管通冷却水,样品和冷却水逆向流动。其主要优点是结构简单、换热效率高,能用于高温/高压样品。例如乙烯裂解废热锅炉炉水和蒸汽凝液,温度320 ℃,压力11.5 MPa,经10 m长的套管与冷却水换热后温度可降至90 ℃以下。

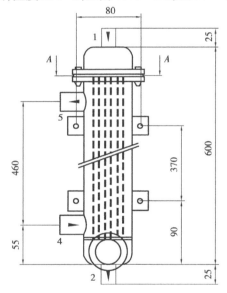

图3.24 列管式水冷却器

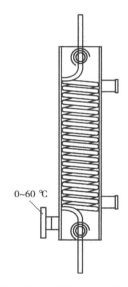

图3.25 盘管式水冷却器

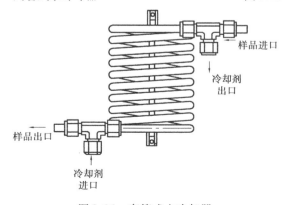

图3.26 套管式水冷却器

3.4 样品的除尘

3.4.1 样品的除尘要求和除尘方法

对于灰尘的分类目前尚不完全统一,一般按灰尘的粒度划分为:

>1 mm	颗粒物
1 mm ~ 10 μm	微尘
<10 μm	雾尘、烟尘

在微尘中,也有将粒度 10 ~ 100 μm 的称为粉尘,1 ~ 10 μm 的称为超细粉尘,小于 1 μm 的称为特细粉尘。

样品除尘方法主要有以下几种:

(1)过滤除尘

过滤器是样品处理系统中应用最广泛的除尘设备,主要用来滤除样品中的固体颗粒物,有时也用于滤除液体颗粒物(水雾、油雾等)。过滤器有各种结构形式、过滤材料和孔径的过滤器,从结构形式上分,主要有直通式和旁通式两种;过滤材料主要有金属筛网、粉末冶金、多孔陶瓷、玻璃纤维、羊毛毡、脱脂棉、多微孔塑料膜等;过滤孔径分布较广,从 0.1 ~ 400 μm 都有产品可选,但大多数产品的过滤孔径在 0.5 ~ 100 μm。

(2)旋风分离除尘

旋风分离器是一种惯性分离器,利用样品旋转产生的离心力将气/固、气/液、液/固混合样品加以分离。广泛用于液样,对含尘粒度较大的气样效果也很好。旋风分离器适宜分离的颗粒物粒径范围为 40 ~ 400 μm。其弱点一是不能产生完全分离,一般对大于 100 μm 的尘粒分离效果最好,小于 20 μm 的尘粒分离效果较差。二是需要高流速,样品消耗较大(包括流量和压降)。

(3)静电除尘

静电除尘器可有效除去粒径小于 1 μm 的固体和液体微粒,是一种较好的除尘方法,但由于采用高压电场,难以在防爆场所推广,气样中含有爆炸性气体或粉尘混合物时,也会造成危险。

(4)水洗除尘

往往用于高温、高含尘量的气体样品,有时为了除去气样中的聚合物、黏稠物、易溶性有害组分或干扰组分,也采用水洗的方法。但样品中有水溶性组分(如 CO_2、SO_2 等)时会破坏样品组成,水中溶解氧析出也会造成样品氧含量的变化,应根据具体情况斟酌选用。此外,经水洗后的气样湿度较大,甚至会夹带一部分微小液滴,可采取除水降湿措施或升温保湿措施,以免冷凝水析出。

3.4.2　过滤除尘

（1）常用过滤器的类型

样品处理系统中常用的过滤器主要有以下几种：

①Y 型粗过滤器。Y 型粗过滤器一般采用金属丝网作过滤元件，用于滤除较大的颗粒和杂物。

②筛网过滤器。筛网过滤器的滤芯采用金属丝网，有单层丝网和多层丝网两种结构。筛网过滤器按其网格大小分类，多作为粗过滤器使用。

③烧结过滤器。烧结是一个将颗粒材料部分熔融的过程。烧结滤芯的孔径大小不均，在烧结体内部有许多曲折的通道。常用的烧结过滤器是不锈钢粉末冶金过滤器和陶瓷过滤器，其滤芯孔径较小，属于细过滤器。

④纤维或纸质过滤器。纤维过滤器的滤芯采用压紧的合成纤维（如玻璃纤维）或自然纤维（如羊毛毡、脱脂棉）。纸质过滤器的滤芯采用滤纸。其滤芯孔径很小，属于细过滤器。

⑤膜式过滤器。滤芯采用多微孔塑料薄膜，一般用于滤除非常微小的液体颗粒。

对于粗、细过滤器的划分，目前尚无统一规定，通常以 100 μm 为界限，即过滤孔径小于 100 μm 的称为细过滤器，100 μm 及以上的称为粗过滤器。

（2）过滤除尘有关术语和概念

①滤芯。过滤器的主要组成部分，具体承担捕获流体颗粒物的任务。

②滤饼。过滤流体时，集聚沉积在滤芯上的一层固体颗粒物。

③有效过滤面积。滤芯中，流体可以流经的实际区域。

④过滤孔径。以滤芯的平均孔径表示，例如，5 μm 的过滤器，表示滤芯的平均孔径为 5 μm，该过滤器能滤除 95% ~98% 的粒径大于 5 μm 的颗粒物。

⑤过滤范围。一般以滤芯孔径的分布范围表示，例如，2 ~5 μm 的过滤器，表示滤芯孔径主要在 2 ~5 μm，粒径大于 5 μm 的颗粒能被阻止，而粒径小于 2 μm 的能够通过，粒径介于 2 ~5 μm 的有可能被阻止，也有可能通过。有时也以可滤除颗粒物粒径范围表示。

⑥过滤级别。也称为过滤规格。按照滤芯平均孔径的大小，将过滤器划分为若干个级别，例如 0.5，2，7，15 μm 等。过滤器的种类不同、生产厂家不同，过滤级别的划分也有不同。

⑦颗粒物的粒度。粒度表示颗粒的大小，是颗粒物最基本的几何性能。对于球状颗粒，它的直径就是粒度值。对于非球状颗粒，其直径可定义为通过颗粒重心并连接颗粒表面上两点间距离的尺寸。颗粒物的直径不是单一的，而是一个分布，即连续地从一个上限值变化到一个下限值，这时的粒度值只能是所有这些直径的统计平均值。

⑧粒度分布。也称粒度组成。在实践中不会遇到所有颗粒形状相同、尺寸划一的单分散颗粒系统，而都是由不同粒度组成的多分散颗粒系统。测量其中各个粒度颗粒的个数、长度、面积、体积或质量，计算它们的百分含量即得到系统的粒度分布。粒度分布常用频率分布或累积分布表示。所谓频率分布，是指某一粒度（范围）的颗粒物，在颗粒物系统中所占的质量百分数或数量百分数。所谓累积分布，是指小于或大于某一粒度（范围）的颗粒物，在颗粒物系统的累积质量百分数或累积数量百分数。

过去在对粒度大小的表达中，我国多采用美国泰勒公司的标准筛，以"目"来区分。"目"是指筛网的网眼数，在给定长度（in）中有多少网眼就称为多少"目"，目数大者，网孔小，表示粒度细。现在,国际和各国的筛系列(包括泰勒筛)已不再用"目",而采用筛孔尺寸来划分。

(3)直通过滤器和旁通过滤器

直通过滤器又称在线过滤器,它只有一个出口,样品全部通过滤芯后排出,如图 3.27 所示。旁通过滤器又称为自清扫式过滤器,它有两个出口,一部分样品经过滤后由样品出口排出,其余样品未经过滤由旁通出口排出。

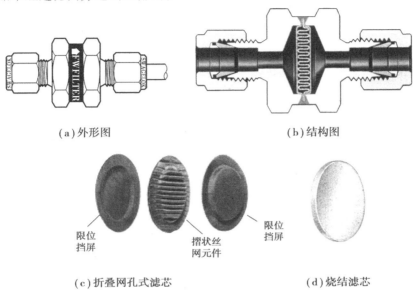

(a)外形图　　　　　　　　　(b)结构图

限位　　　　摺状丝　　　　限位
挡屏　　　　网元件　　　　挡屏

(c)折叠网孔式滤芯　　　　　(d)烧结滤芯

图 3.27　滤芯式直通过滤器

如图 3.27 所示的滤芯呈片状。图 3.27(c)是折叠网孔式滤芯,它由多层金属丝网折叠而成,过滤孔径有 2,7,15 μm 几种,其两边的固定筛用来支撑和固定滤芯。图 3.27(d)是烧结不锈钢滤芯,过滤孔径为 0.5 μm。

图 3.28 所示的在线过滤器的结构图中,滤芯呈筒形。图 3.28(a)中滤筒水平放置,图 3.28(b)中滤筒垂直放置,其优点一是便于将滤筒取出进行清洗,二是易于改装成旁通过滤器,只要将底部丝堵换成旁通接头即可。图 3.28(c)是烧结不锈钢滤芯,过滤孔径有 0.5,2,7,15,60,90 μm 几种。图 3.28(d)是单层网孔式滤芯,过滤孔径有 40,140,230,440 μm 几种。

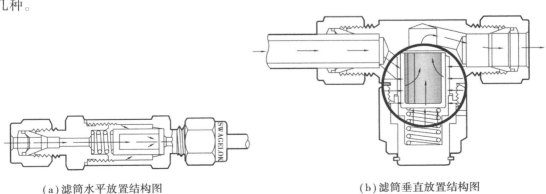

(a)滤筒水平放置结构图　　　　　　(b)滤筒垂直放置结构图

(c)烧结滤芯　　　　　　　　(d)网孔式滤芯

图 3.28　滤筒式直通过滤器

图 3.29 是两种旁通过滤器的结构图。

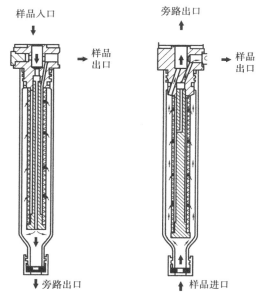

图 3.29　旁通过滤器

(4)气溶胶过滤器

气溶胶是指气体中的悬浮液体微粒,如烟雾、油雾、水雾等,其粒径小于 1 μm,采用一般的过滤方法很难将其滤除。

图 3.30 是 M&C 公司 CLF 型气溶胶过滤器的结构图。气样在过滤器内的流动路径如图 3.30 中箭头所示,过滤元件是两层压紧的超细纤维滤层,气样中的微小悬浮粒子在通过过滤元件时被拦截,并聚结成液滴,在重力作用下垂直滴落到过滤器底部。过滤元件被流体饱和时仍能保持过滤效率,除非被固体粒子堵塞,否则其寿命是无限的。从以上工作原理可以看出,气溶胶过滤器实际上是一种采用超细纤维滤芯的聚结过滤器。

气溶胶过滤器最有效的安装位置是在样品处理系统的下游、分析仪入口的流量计之前。过滤元件被流体饱和时仍能保持过滤效率,除非被固体粒子堵塞,否则其寿命是无限的。过滤器的工作情况可以通过玻璃外壳直接观察到,而不需要打开过滤器进行检查。分离出的凝液可以打开 GL25 帽盖排出,或接装蠕动泵连续排出。

以 CLF-5 型为例,气溶胶过滤器的有关技术数据:样品温度:max. + 80 ℃;样品压力:0.2 ~ 2 bar abs. ;样品流量:最大 300 NL/h(标准升/小时);样品通过过滤器后的压降:1 kPa;

过滤效果:粒径大于 1 μm 的微粒 99.999 9% 被滤除。

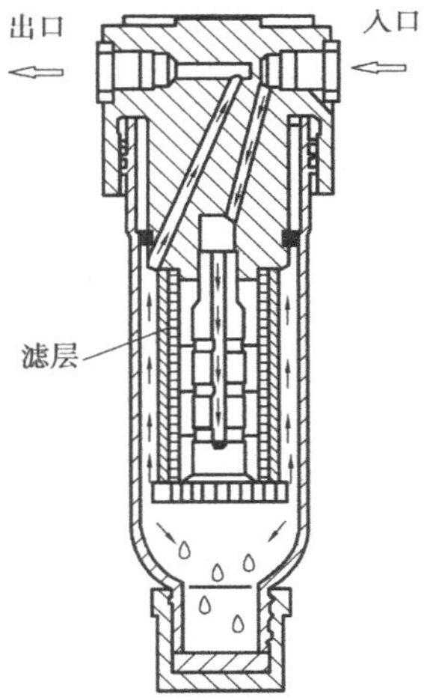

图 3.30 M&C 公司 CLF 型气溶胶过滤器

(5)选择和使用过滤器时应注意的问题

①正确选择过滤孔径。过滤孔径的选择与样品的含尘量、尘粒的平均粒径、粒径分布、分析仪对过滤质量的要求等因素有关,应综合加以考虑。如果样品含尘量较大或粒径较分散,应采用两级或多级过滤方式,初级过滤器的孔径一般按颗粒物的平均粒径选择,末级过滤器的孔径则根据分析仪的要求确定。

②旁通式过滤器具有自清洗作用,多采用不锈钢粉末冶金滤芯,除尘效率较高(可达 0.5 μm),运行周期较长,维护量很小,但只适用于快速回路的分叉点或可设置旁通支路之处。

③直通式过滤器不具备自清洗功能,其清理维护可采用并联双过滤器系统或反吹冲洗系统,后者仅适用于允许反吹流体进入工艺物流的场合和采用粉末冶金、多孔陶瓷材料的过滤器。

④过滤器应有足够的容量,以提供无故障操作的合理周期,但也不能太大,以免引起不能接受的时间滞后。此外,过滤元件的部分堵塞,会引起压降增大和流量降低,对分析仪读数造成影响。考虑到以上情况,样品系统一般采用多级过滤方式,过滤器体积不宜过大,过滤孔径逐级减小。至少应采用粗过滤和精过滤两级过滤。

⑤造成过滤器堵塞失效的原因,大都不是机械粉尘所致,主要是由于样品中含有冷凝水、焦油等造成的。出现上述情况时,一是对过滤器采取伴热保温措施,使样品温度保持在高于结露点 5 ~ 10 ℃以上;二是先除水、除油后再进行过滤,并注意保持除水、除油器件的正常运行。

3.4.3 旋风分离除尘

旋风分离器的形状与漏斗相似,上部为圆柱形,下部为锥形。其典型尺寸如图 3.31 所示。样品入口通常是长方形开口,尺寸为 0.5D × 0.25D(D 为旋风分离器的直径)。样品沿螺线方向[图 3.31(b)]或切线方向[图 3.31(c)]进入旋风分离器,被迫旋转流动,在离心力的作用下,颗粒物或液滴被甩向器壁,当与器壁相碰撞时,失去动能而沉降下来,在重力作用下由下旋流携带经底部出口排出,净化后的气样在锥形区中心形成上旋流,由顶部出口排出。

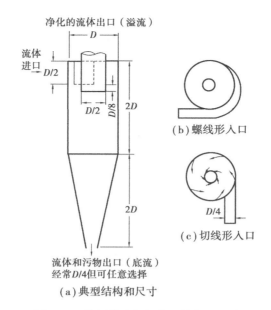

图 3.31 旋风分离器的典型结构和尺寸

离心力的大小与旋风分离器的直径和样品的流速有关,直径越小,流速越快,分离效果越好。在大直径、低流速的旋流器中,离心力 5 倍于重力;在小直径、高流速的旋流器中,离心力 2 500 倍于重力。如果一个小的旋风分离器不能满足流量较大的样品分离,最好是用两个或更多相似的小分离器,把它们并联起来使用,而不要去增大分离器的直径,以至于降低其分离效率。如果样品的压力和流速较低,可以将旋风分离器置于离心式取样泵的旁路之中,如图3.32所示。

旋风分离器的分离效果还与粒子和样品之间的密度差有关。液体与气体的密度差较大,气样中的液滴较易分离。对于气样中的固体颗粒物,分离效果视粒径而异,旋风分离器适宜分离的颗粒物粒径范围为 $40 \sim 400 ~\mu m$,最适合用来分离大于 $100 ~\mu m$ 的颗粒物,而对小于 $20 ~\mu m$ 的颗粒物的分离则不适合。

旋风分离器的弱点:一是不能产生完全分离,总有一部分粒径较小的颗粒物滞留在分离后的气样中;二是需要高流速,样品消耗较大(包括流量和压降)。因而旋风分离器适合安装在快速循环回路的分叉点处作为初级除尘器使用,如图 3.33 所示。

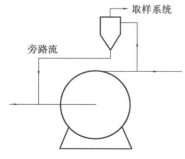

图 3.32 旋风分离器置于离心式
取样泵的旁路之中

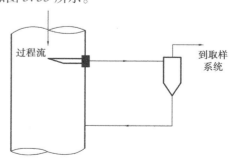

图 3.33 旋风分离器安装在快速循环
回路的分叉点处

3.4.4 静电除尘

粒径小于 1 μm 的粉尘、悬浮物、油雾、水雾等采用一般的过滤方法是难以达到要求的。静电除尘器、除雾器可有效除去这些微粒,其结构原理见图 3.34。

在一个几千伏的高压电场中,微粒和悬浮物会产生电晕,造成微粒带电。带电粒子在这个强电场中高速运动,在运动轨迹上相互碰撞又会使更多微粒带电。其结果是带负电的微粒奔向阳极,带正电的奔向阴极。微粒到达电极后失去电荷沉积下来达到捕集目的,除尘效率可达 90% ~ 99%。气样中若含可燃性气体时,系统需严防泄漏,避免大气中的氧进入引起爆炸。

3.4.5 水洗除尘

样品洗涤器是一种用水或某种溶液洗涤气体样品的装置,用于除去气样中的灰尘或某些有害组分,也可用作样品增湿器(如用于醋酸铅纸带法硫化氢分析仪中)。如图 3.35 所示是一种样品洗涤器的结构。需要注意的是,一部分气体组分易溶于水,如 CO_2、SO_2 等,会给测量结果带来误差。此外,气样中的氧含量也可能发生一些变化,如气样中的氧被水溶解或水中的溶解氧析出。因此,除非别无他择,一般不宜采取水洗的办法。

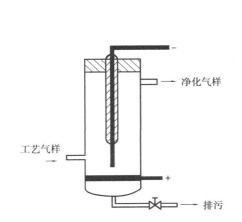

图 3.34 静电除尘、除雾器结构原理图

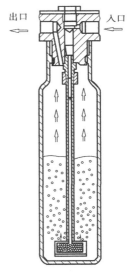

图 3.35 一种样品洗涤器结构

3.5 样品的除水

3.5.1 样品的除水要求和除水方法

(1)除水要求

通常把将气体样品露点降至常温(15 ~ 20 ℃)叫作除水,而将样品露点降至常温以下叫作除湿或脱湿。表 3.1 列出了几个典型的除水、除湿控制点(在大气压力下)。

表 3.1　典型的除水、除湿控制点(在大气压力下)

露点/℃	体积含水量/10^{-6}	质量含水量/10^{-6}
20	23 080	14 330
15	16 800	10 500
5	8 600	5 360
0	6 020	3 640
-10	2 570	1 596
-20	1 020	633
-40	127	79

样品除湿的一般做法是先将样品温度降至 5 ℃ 左右,脱除大部分水分,然后再加热至 40 ~ 50 ℃ 进行分析。这样,残存的水分便不会再析出。有些分析仪对除湿的要求较高,需将露点降至 -20 ℃ 以下。

(2)除水方法

样品除水除湿方法主要有以下几种:

①冷却降温。这是最常用的方法,有水冷(可降至 30 ℃ 或环境温度)、涡旋管制冷(可降至 -10 ℃ 或更低)、制冷剂压缩制冷(可降至 5 ℃ 或更低)、半导体制冷等。

②惯性分离。有旋液分离器、气液分离罐等。前者利用离心作用进行分离,后者利用重力作用进行分离。设计时应考虑其体积对样品传输时间滞后的影响。

③过滤。有聚结过滤器、旁通过滤器、膜式过滤器、纸质过滤器和监视(脱脂棉)过滤器等。前三种用于脱除液滴,后两种用于进分析仪之前的最后除湿。这些过滤器只能除去液态水,而不能除去气态水,即不能降低气样的露点。设计时要考虑其造成的阻力以及压降对样品流速和压力的影响。

④Nafion 管干燥器。Nafion 管干燥器是一种除湿干燥装置,以水合作用的吸收为基础进行工作,具有除湿能力强、速度快、选择性好、耐腐蚀等优点,但它只能除去气态水而不能除去液态水。

⑤干燥剂吸收吸附。所谓吸收,是指水分与干燥剂发生了化学反应变成另一种物质,这种干燥剂称为化学干燥剂;所谓吸附,是指水分被干燥剂(如分子筛)吸附于其上,水分本身并未发生变化,这种干燥剂称为物理干燥剂。这种方法应当慎用,因为随着温度的不同,干燥剂吸湿能力是变化的;某些干燥剂对气样中一些组分也有吸收吸附作用;随着时间的推移,干燥剂的脱湿能力会逐渐降低。这些因素都会导致气样组成和含量发生变化,对常量分析影响可能不太明显,但对半微量、微量分析影响则十分显著。

3.5.2　冷却降温除水

(1)样品降温除水常用的冷却器

样品降温除水常用的冷却器有以下几种:

①涡旋管冷却器。根据涡旋制冷原理工作。

②压缩机冷却器。又称为冷剂循环冷却器,其工作原理和电冰箱完全相同。

③半导体冷却器。根据珀耳帖热电效应原理工作。

④水冷却器。通过与冷却水换热实现样品的降温,有列管式、盘管式、套管式几种结构类型。

涡旋管冷却器、压缩机冷却器和半导体冷却器主要用于湿度高、含水量较大的气体样品的降温除水。其中以压缩机冷却器除湿效果最好,但价格最高。半导体冷却器制冷量较小,且难以用在防爆场合。涡旋管冷却器对气源的要求高(包括压力和质量),且耗气量大。

有时也采用水冷却器对气体样品降温除水,但除水效果有限。因为水冷却器只能将样品温度降至常温,即 25~30 ℃,此时常压气体中的含水量为 3%~4% vol,样品带压水冷时,除水效果稍好一些。因此,水冷却器只适用于对除水要求不太高的场合,一般情况下是将其安装在取样点近旁对样品进行初级除水处理。

(2)涡旋管冷却器

涡旋管的结构和工作原理见图 3.36、图 3.37。

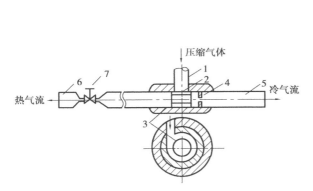

图 3.36　涡旋管结构示意图
1—进气管;2—喷嘴;3—涡旋管;4—孔板;
5—冷气流管;6—热气流管;7—控制阀

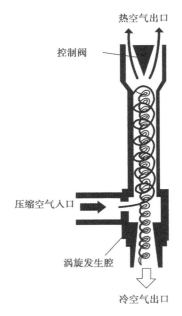

图 3.37　涡旋管工作原理示意图

常温压缩空气经喷嘴沿切线方向喷入涡旋发生器,由于切向喷嘴的作用,在涡旋发生器中形成沿圆周方向以音速旋转前进的高速气流,顺涡旋管向左运动。热端装有控制阀,当气流到达热端时,外圈气流从控制阀阀芯周边排出,内圈气流受到阀芯的阻挡,反向折转沿涡旋管向右运动,由冷端出口排出。

在涡旋管中,外圈左行气流和内圈右行气流以相同的角速度沿同一方向旋转,虽然两者角速度相同,但外圈气流线速度高,内圈气流线速度低,即两者的动能是不同的。这样,在两股气流的交界面上就会发生能量交换,内圈气流向外圈气流输出能量,或者说外圈气流从内圈气流汲取能量,以维持二者以相同的角速度高速运行。

外圈气流的动能大,就意味着其温度高,从热端出口经过控制阀排入大气时带出较多的热量,形成热气的来源。内圈气流的动能小,意味着其温度低,内圈的低温气体经过孔板排出时又会产生绝热膨胀,使其温度进一步下降,形成冷气。

涡流管两端产生的冷气流和热气流既可用来冷却除湿,也可以用来保温伴热。

涡旋管冷却器的结构见图3.38。

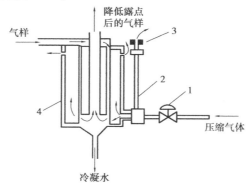

图3.38　涡旋管冷却器结构示意图
1—空气压力调节阀;2—涡流管制冷器;3—控制阀;4—热交换器

冷却过程通过涡旋管的冷气流与气体样品的热交换完成。冷却后气样的部分旁路既可将冷凝下的水雾水滴及时带走,还可达到自清扫的目的。运行时必须将涡旋管的控制阀调节适当,才能达到制冷目的。当控制阀全关时,气体全部从孔板排出,无制冷效应产生。若阀全开时,少许气体反而从冷端吸入,这时涡旋管就变成了一个气体喷射器。当阀调节到一定位置时,压缩气体从冷端和热端流出一定的量,制冷温度也就一定。若用铂电阻检测冷却温度,通过简单电子线路来控制压缩空气加入量(调节压缩空气的入口压力),即可实现制冷温度的自动控制。既可任意设定制冷温度,又可节约气源。

涡旋管冷却器的结构简单、启动快、维护方便,但耗气量较大,可达50~100 L/min。采用较高气压时,气样的温度可降至 -10~-40 ℃。在实际使用中,温度给定不能太低,一般设定在6 ℃,使气样含水量降至0.92%即可。若低于0 ℃,冷凝出的水冻结会堵塞管道。

(3)压缩机冷却器

压缩机冷却器的制冷原理和电冰箱完全相同,见图3.39。制冷剂蒸气经压缩机压缩后,在冷凝器中液化并放出热量,进入干燥器脱除可能夹带的水分。毛细管的作用是产生一定的节流压差,保持入口前制冷剂的受压液化状态并使其在出口释压膨胀汽化。制冷剂在汽化器中充分汽化并大量吸热,使与之换热的样品冷却降温。

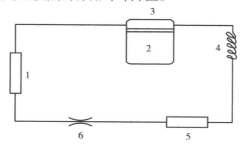

图3.39　压缩机冷却器的工作原理
1—汽化器;2—压缩机;3—制冷剂补充阀;4—冷凝器;5—干燥器;6—毛细管

压缩机冷却器的除湿装置见图3.40,它由一组放置在液体中的盘管组成。盘管材料有玻璃、Kynar(聚偏二氟乙烯)和 Teflon(聚四氟乙烯)等,液体可以是水或某种防冻液(如盐水),有时也采用空气。这些液体由制冷系统冷却,为了避免烟气中的水分在盘管中冻结,液体的温度不低于 1.67 ℃。水蒸气冷凝液由液体收集器集中,用蠕动泵定期或连续排出。冷凝水通常采用自动方式排放,因为手动排放时,如果操作者忘记定期排放,那么就会存在一定风险,冷凝液收集器充满后,水会溢流到样品管线中去,从而导致严重后果。

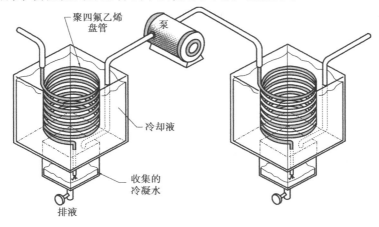

图 3.40　压缩机冷却器的除湿装置

　　增加一组冷却盘管可进一步降低水分含量,但更为有效的措施是在第一级盘管之后加一个样品泵,从第一级冷却器加压向第二级冷却器传送气样。气体在压力下比在真空下更容易冷凝。因为气体受压时,水分子从液体表面逃逸蒸发更为困难。这种增压会使气体的水分含量降得更低,比在大气压力下冷却除湿效果更好。

　　M&C 公司的产品资料和国外专著都介绍了既能保护泵不被气样液滴损坏,又能获得低露点气样的办法,就是将泵安装在两级气样冷凝器之间。

(4) 半导体冷却器

　　半导体制冷是 1834 年由珀耳帖发现的一种物理现象。如图 3.41 所示,当一块 N 型半导体(电子型)和一块 P 型半导体(空穴型)用导体连接并通以电流时,正电流进入 N 型半导体,多数载流子即电子在接头处发生复合。复合前的动能和势能变成接头处晶格的热振动能,于是接头处温度上升。当正电流进入 P 型半导体时,需挣脱 N 型半导体晶格的束缚,即要从外界获取足够能量才能产生电子-空穴对,于是接头处发生吸热现象。电流越大,接头处温差越大。N 型和 P 型半导体之间的导流片采用紫铜板。为使制冷端和样品、发热端和散热片之间既保持良好接触,又保持电绝缘性,两者之间的电绝缘

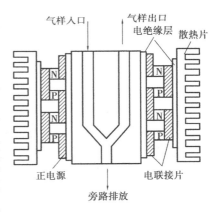

图 3.41　半导体冷却器

层采用镀银陶瓷板、薄云母板、铝或铜的氧化物层。调节电流大小即可控制制冷温度。通常设定制冷温度在 1 ~ 2 ℃,防止样品管路冻结堵塞。在防爆区域使用时,部件需隔爆。

　　半导体冷却器又称热电冷却器,其优点是外形尺寸小、使用寿命长、工作可靠、维护简便、控制灵活方便,且容易实现较低的制冷温度。其缺点是制冷量较低,在入口气样温度小于

60 ℃,气样流量小于 3 L/min 的条件下,出口气样温度才能达到 3 ℃。(压缩机冷却器制冷量大,入口气样温度可高达 160 ℃,气样流量不小于 5 L/min,仍然能保障出口气样温度 3 ℃。)

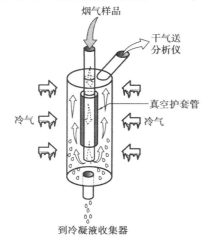

图 3.42　半导体冷却器的撞击器

半导体冷却器的除湿装置是将一个撞击器(又称射流热交换器)装在吸热块中,吸热块与珀耳帖元件的冷端连接,见图 3.42。珀耳帖元件的热端由一组散热片散热或用风扇将热量驱散。

在这种撞击器中,烟气从中心管中流过,中心管被一圈真空护套管所环绕。烟气到达撞击器底部之前,湿度保持在露点以上(真空护套管起绝热作用),在撞击器底部迅速冷却,水蒸气在撞击器底部冷凝析出并被排出。气体折转向上流动,在到达出口之前被撞击器冷壁进一步冷却。这种设计的独特之处在于,气体在到达上部的出口(通往分析仪)之前,被置于护套管之外的中心管部分再度加热。

这种冷却器的制冷效率取决于撞击器的表面积和长度、气体的流速、结构材料、环境空气温度和冷却面温度。珀耳帖冷却器/撞击器冷凝系统的额定制冷量根据具体样品处理系统的需求而定,根据实际需要加以选型是必要的。

(5)PSS 系列气体冷却除湿单元装置

如图 3.43 所示是德国 M&C 公司 PSS 系列气体冷却除湿单元系统组成图。

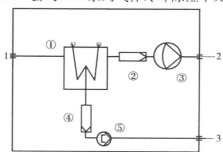

图 3.43　M&C 公司 PSS 系列气体冷却除湿单元
①—气体冷却器(压缩机式或半导体式);②—精细过滤器(2 μm);③—隔膜泵;
④—过滤器;⑤—蠕动泵;1—气样入口;2—气样出口;3—冷凝液排放口

气体样品在隔膜泵 3 的抽吸作用下进入冷却器 1,冷却脱湿后的样品经精细过滤器 2 后由隔膜泵排出,冷凝出来的水分经粗过滤器 4 后由蠕动泵 5 排出,蠕动泵的作用是阻气排液。在气体冷却器中,采用了该公司专利部件 Jet Stream(射流)热交换器。

此外,该冷却器内配有温控系统,可以将气样出口温度控制在(5 ±0.1)℃,气样温度的精确控制意味着气样含水量的精确控制,这样便于从分析结果中扣除水分造成的干扰和影响,这一点对于红外等仪器的微量分析来说是十分重要的。

气体冷却除湿系统在样品处理中占有重要地位,M&C 公司气体冷却单元包括 CSS 架装式、PSS 便携式、SS 壁挂式三种系列,其主要性能指标(以 PSS 系列为例):入口样品温度:小于80 ℃;入口样品湿度:不大于 80 ℃露点;出口样品温度:一般为(5 ±0.1)℃,最低可达(−30 ±0.1)℃;样品压力:0.7 ~ 1.4 bar abs.;样品流量:150 ~ 350 NL/h;制冷能力:50 ~ 90 kJ/h;供电和功耗:230V-(45~55)Hz,240 VA;气路配管:6 mm OD Tube;与样品接触部件材质:不锈钢、玻璃、PVDF、PTFE 等。

(6)水冷却器

气体样品冷却除水采用的水冷却器大多为盘管式水冷却器,其结构详见本书上一章样品温度调节部分。在使用中,若出现含水气体样品经水冷却器和气液分离器处理后依然带水的现象,其可能原因及处理办法如下:

原因①:水气分离器排液口未装自动排液器,人工排液不及时,水气分离器内液位过高造成带水。处理:应加装自动排液器。如采用人工排液,应加强现场巡检,及时、定期排液。

原因②:水冷却器失效,气样经过水冷后温度不下降,气相中的水不能析出,并在后面的管道中冷凝析出,从而造成气样带水。处理:检修水冷器。水冷器是易结垢部件,检修内容主要是除垢。检修方法是,将水冷器从装置上拆下,卸开顶盖,抽出内部不锈钢盘管和内件,用稀盐酸溶解水垢,水垢去除干净后用水清洗,再用仪表空气吹干;检查顶盖密封垫,如有必要,更换新密封垫;组装复位。

原因③:水冷却器内部换热盘管穿孔或破裂,冷却水进入气样管路导致。处理:将水冷器解体,抽出盘管检查,修补或更换盘管。

原因④:气样伴热保温管线功能失效,造成气样管内大量带水,超出除水系统的处理能力。处理:检查处理伴热保温管线存在的问题,使其恢复正常。

3.5.3　惯性分离除水

(1)旋液分离器

旋液分离器实际上是一种用于气/水分离的旋风分离器。图 3.44 是一种旋液分离器的结构图。气样沿切线方向进入分离器,经过分离片时由于旋转而产生离心力,水分被甩到器壁上,沿壁流下。气样中如果还有灰尘,经过滤器过滤后进入分析仪进行分析。气室下部的积水达到一定液位高度时,浮子浮起,带动膜片阀开启,把积水排出,然后阀门又自动关上。

(2)K. O. 罐

K. O. 罐是国外样品处理系统中使用的一种气液分离罐,其英文全称是 Knock-Out Pot,意即敲打罐、撞击罐。它是一种惯性分离器,用于分离气体

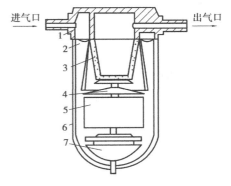

图 3.44　旋液分离器结构图
1—气室;2—分离片;3—过滤器;4—稳流器;
5—浮子;6—外壳;7—膜片阀

样品中的液滴。其结构如图 3.45 所示,气样中的液滴在惯性和重力作用下滴落入罐中。它和一般气液分离罐的不同之处在于:送往分析仪的样品出口位于湿气样入口近旁,从而避免了气样流经分离罐所造成的传输滞后。

3.5.4　聚结过滤器

(1)聚结器的结构和工作原理

聚结器也称为凝结器,是一种能将样品中的微小液体颗粒聚集成大的液滴,在重力作用下

将其分离出来的装置。大多数气体样品中都带有水雾和油雾,即使经过水气分离后,仍有相当数量粒径很小的液体颗粒物存在。这些液体微粒进入分析仪后往往会对检测器造成危害。采用聚结器可以有效地对其进行分离。

聚结器中的分离元件是一种压紧的纤维填充层,通常采用玻璃纤维(俗称玻璃棉)。当气样流经分离元件时,玻璃纤维拦截悬浮于气体中的微小液滴,不断涌来的微小液滴受到拦阻后,流速突变,失去动能,会像滚雪球那样迅速聚集起来形成大液滴,从而达到分离目的。这种大液滴在重力作用下,向着纤维填充层的下部流动,并在重力作用下滴落到聚结器的底部出口排出。未滴落的液滴再聚集不断涌来的小滴,继续其聚结过程。

聚结器能有效实现气雾状样品的气-液分离。即使玻璃纤维层被液体浸湿,仍然会保持分离效率,除非气样中含有固体颗粒物并堵塞了分离元件,否则其使用寿命是不受限制的。需要注意的是,聚结器只能除去液态的水雾,而不能除去气态的水蒸气,即气样通过聚结器后,其露点不会降低。

如图 3.46 所示为聚结器的典型结构。

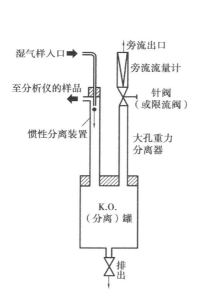

图 3.45　K.O.罐(气液分离罐)

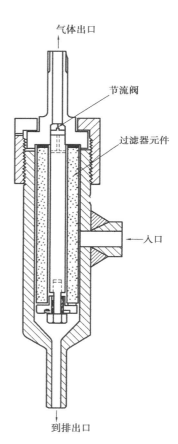

图 3.46　聚结器的典型结构

(2)用聚结器进行液-液分离

聚结器可以用于液-液分离,既可分离悬浮于油或其他烃类中的水滴,也可分离悬浮于水中的油滴。原则上说,微纤维聚结器将悬浮液滴从与之不相溶的液体中分离的过程,与将其从气体中分离的过程是一样的。连续液相中的悬浮液滴被纤维捕获并促使这些小液滴聚结成大液滴,大液滴在重力差的作用下从连续液相中分离出来,即比连续液相重的沉淀下来,而比连续液相轻的则浮在上面。

实际上,液-液分离比气-液分离更困难。由于液-液之间的密度差总是较气-液之间的密度差小,所以需要更长的分离时间。为了避免连续相携带凝结相,既可加大聚结过滤器的容积,也可将流速降得很低。凭经验,液-液分离的流速应当不超过气-液分离流速的 1/5。即使流速很低,但如果两个液相间的密度差小于 0.1 个单位(例如,悬浮于水中的油的相对密度介于 0.9 ~ 1.1),则凝结相的分离时间可能会相当长。液-液分离的另外一个实际问题是:少量杂质可能充当表面活性剂并对凝结作用进行干扰。由于这个原因,所以我们无法预知液-液聚结过滤器的准确性能,因此必须对每个系统进行现场测试后确定。

可以采用图 3.46 所示的水平式聚结器实现液-液分离,应使流体以很低的速度由里向外流动,若凝结相较连续相重,其排出口位于下部;若凝结相较连续相轻,则排出口位于上部。也可以分两个阶段进行液-液分离,将液态水从液态烃中分离出来就是这样的例子。第一阶段采用吸水介质(烧结硼钛酸盐玻璃)的聚结器,它会使液态水滴产生聚结;第二阶段采用疏水介质(烧结聚四氟乙烯)的过滤器,它会使液态水滴从液态烃样品中分离出来。

(3)用聚结器除去液体样品中的气泡

如果液体样品中含有气泡,将影响或降低大多数液体分析仪的性能,特别是电导率分析仪和依据光学原理制造的分析仪。因此,将气泡从液体样品中除去是很重要的。如图 3.47 所示是一种气泡脱除器,它也是一种聚结器。含有气泡的液体样品流过多孔的玻璃纤维床层或编织网状物,使小的气泡聚结成一个较大的气泡,气泡靠浮力上升并在脱泡器的顶部逸出,脱泡后的液样则向下流出脱泡器。

旁通过滤器也可用于液体样品中气泡的分离,这是通过仔细平衡旁通过滤器的三个流路实现的。含有气泡的液体样品从入口进入,脱泡后的液样从过滤介质(滤芯)另一侧的出口排出,分离出的气泡由液样携带经旁通流路出口带走。在这里,被液体浸湿的过滤介质起到气泡分离的作用,过滤介质上液体的表面张力,将气泡阻挡住,使泡沫无法渗透过去,只要过滤介质两边的压差低于其上液体的表面张力,气泡就不会在过滤介质上产生渗透现象,相反,它会被旁流带走。

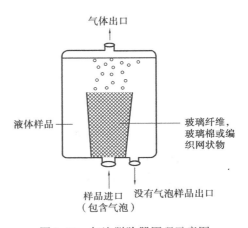

图 3.47 气泡脱除器原理示意图

3.5.5 膜式过滤器

(1)膜式过滤器的结构及特点

膜式过滤器又称薄膜过滤器,用于滤除气体样品中的微小液滴。它的过滤元件是一种微孔薄膜,多采用聚四氟乙烯材料制成。

气体分子或水蒸气分子很容易通过薄膜的微孔,因而气样通过膜式过滤器后不会改变其组成。但在正常操作条件下,即使是最小的液体颗粒,薄膜都不允许其通过,这是由于液体的表面张力将液体分子紧紧地约束在一起形成了一个分子群,而分子群又一起运动,这就使得液体颗粒无法通过薄膜微孔。因而,膜式过滤器只能除去液态的水,而不能除去气态的水,气样通过膜式过滤器后,其露点不会降低。

如图 3.48 所示为 A$^+$公司 200 系列 Genis 膜式过滤器的结构及其在样品处理中的应用,为了使薄膜正常运行,一定要有旁通流路。

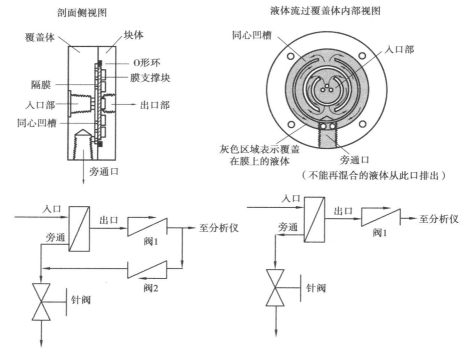

图 3.48　A$^+$公司 200 系列 Genis 膜式过滤器

膜式过滤器有以下主要特点:

①过滤孔径最小可达 0.01 μm。

②PTFE 薄膜具有优良的防腐蚀性能,除氢氟酸外,可耐其他介质腐蚀。

③PTFE 薄膜与绝大多数气体都不发生化学反应,且具有很低的吸附性,因而不会改变气样的组成和含量,可用于 10^{-6} 甚至 10^{-9} 级的微量分析系统中。

④操作压力最高可达 350 bar(G)。

⑤薄膜不但持久耐用,而且非常柔韧。

(2)聚结薄膜组合过滤器

如图 3.49 所示为 Balston 公司的一种聚结薄膜组合过滤器。聚结薄膜组合过滤器由聚结器过滤器和薄膜过滤器两部分组成,聚结器过滤器位于下部,过滤元件采用烧结多孔材料,呈筒形;薄膜过滤器位于上部,过滤元件采用疏水性微孔 PTFE 薄膜。气体从入口进入并被直接向下导入聚结过滤器。聚结过滤器将所有的颗粒物(包括固体和液体颗粒)捕获,并不断将颗粒物由底部排液口排出。而后,气样向上流到薄膜过滤器的上游一侧,流经薄膜滤室后从下游一侧的旁通出口流出。薄膜位于滤室上方,经薄膜进一步滤除残留微小液体颗粒后的气样由顶部气样出口排出。

聚结薄膜组合过滤器的典型安装位置在分析仪或受其保护组件的上游,见图 3.50。即使样品系统其他组件失灵,聚结薄膜组合过滤器照样可以对分析仪或组件提供保护。

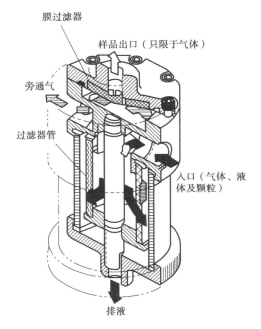

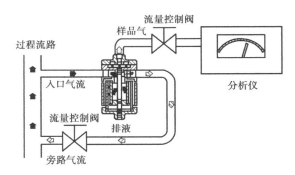

图 3.49 Balston A39/12 系列聚结
薄膜组合过滤器

图 3.50 聚结薄膜组合过滤器在
分析系统中的应用

3.5.6 Nafion 管干燥器

(1) Nafion 管干燥器的结构和工作原理

Nafion 管干燥器是 Perma Pure 公司开发的一种除湿干燥装置,其结构如图 3.51 所示。在一个不锈钢、聚丙烯或橡胶外壳中装有多根 Nafion 管,样品气从管内流过,净化气从管外流过,样品气中的水分子穿 Nafion 管半透膜被净化气带走,从而达到除湿目的。

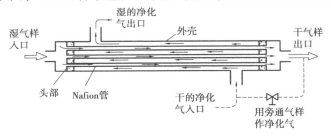

图 3.51 Nafion 管干燥器示意图

Nafion 管的干燥原理完全不同于多微孔材料的渗透管,渗透管基于气体分子的大小来迁移气体,而 Nafion 管本身并没有孔,它是以水合作用的吸收为基础来进行工作的。水合作用是一种与水的特殊化学反应,它不吸收或传送其他化合物。

具体地说,Nafion 管中气体分子的迁移是以其对硫酸的化学亲和力为基础的。Nafion 管是以 Teflon(PTFE,聚四氟乙烯)为基体,在 Teflon 矩阵域内嵌入了大量的离子基——磺酸基制成的。磺酸基(—SO_3H)是硫酸(HO—SO_2—OH)分子中除去一个羟基(—OH)后残余的原子团(—SO_2—OH)。磺酸基很容易与烃基或卤素原子连接,聚四氟乙烯中引入磺酸基后,会增强其酸性和水溶性。由于磺酸基具有很高的亲水性,水分子一旦被吸收进入 Nafion 管壁,它

67

就会从一个磺酸基向另一个磺酸基渗透,直至最终到达管的外壁,即水分子会全部穿过 Nafion 管到达管壁外的净化气体中。

这里的驱动力是水蒸气的分压,而不是样品的总压。事实上,即使 Nafion 管内的压力低于管外的压力,Nafion 管照样能对气体进行干燥。关键在于 Nafion 管内部的湿度大,还是外部的湿度大。如果 Nafion 管内气体所含的水分比管外气体所含的水分多(即具有更高的水汽分压),则水汽将会向外移动;反之,水汽则会向里移动(即充当加湿器,而不是干燥器)。

除了水分子以外,任何与硫酸具有极强结合力的气体分子都会穿过 Nafion 管。碱和酸具有极强的结合力,但大多数碱在常温下都是固体,碱性气体主要是一部分含有羟基(—OH)或水(H—OH)的有机碱醇(一般形式为 R—OH)及 NH_3(当 NH_3 中有水时就会形成氢氧化铵,即 $NH_3 + H_2O = NH_4—OH$),它们能够穿过 Nafion 管。环境监测和过程分析中需要测量的大多数气体,都无法穿过 Nafion 管,或者穿过速度相当慢。因此,当所损失的组分含量可以忽略不计时,可以用 Nafion 管干燥器来去除这些气流中的水分。

气样通过 Nafion 管干燥器后被原封不动地保留下来的组分:

①大气:Ar、He、H_2、N_2、O_2、O_3。

②卤素:F_2、Cl_2、Br_2、I_2。

③烃类:简单的烃类(烷烃)。

④无机酸:HCl、HF、HNO_3、H_2SO_4。

⑤其他有机物:芳香烃、酯、醚。

⑥氧化物:CO、CO_2、SO_x、NO_x。

⑦硫化物:COS、H_2S、硫醇。

⑧有毒气体:$COCl_2$、HCN、NOCl。

气样通过 Nafion 管干燥器后被除去的组分:

①大气:H_2O。

②无机物:NH_3。

③有机物:醇、二甲基亚砜、四氢呋喃。

④损失不定的组分:有机酸、醛、胺、酮、腈。

(2)Nafion 管干燥器的特点和优点

①除湿能力强。常温常压下,气样经 Nafion 管干燥后可达到的最低露点温度是 −45 ℃,相当于含水量为 100×10^{-6}。对于 Nafion 管来说,这是一个极限露点,即使用含水量为 2×10^{-6}、露点为 −71 ℃ 的 N_2 作为净化气,样品的露点也不会变得更低。

②除湿速度快。由于水合作用的吸收是一个一级化学反应,这个过程会在瞬间完成。所以,Nafion 管干燥气体的速度非常快。

③气样经干燥后,其组成和含量基本不变。气态水分子可以随意通过 Nafion 管,而其他分子基本上都不能通过。

④Nafion 管和聚四氟乙烯一样,具有极强的耐腐蚀性能,即使是氢氟酸或别的凝结酸,Nafion 管都可以承受。

⑤耐温、耐压能力较好。Nafion 管可以承受的最高温度为 190 ℃,最高压力为 1 MPa(G)。

⑥Nafion 管干燥器无可移动部件,一般无须维护。

（3）使用维护注意事项

①谨防液态水进入 Nafion 管干燥器

Nafion 管只能分离气态水而不能分离液态水,这一点对于正确使用 Nafion 管干燥器非常重要。这里所说的气态水是指气样中的水蒸气分子,液态水是指气样中的水滴或水雾,它们是集聚在一起的水分子群。聚结器和膜式过滤器只能分离液态水而不能分离气态水,Nafion 管则恰好与之相反。这是因为 Nafion 管分离气态水分子的过程既无相态变化,也无能量消耗。如果液态水进入 Nafion 管,则它仍会被吸收,而后将其全部蒸发,变为水蒸气。这个过程发生了相态变化,随之产生了能量消耗,Nafion 管开始变冷。随着 Nafion 管的变冷,就会使更多的水发生冷凝,从而使 Nafion 管变得更冷。这样,就会产生一系列的级联反应,Nafion 管会变得越来越冷、越来越湿,直到它被完全浸湿并失去干燥功能。

在大多数情况下,当 Nafion 管被完全浸湿时,用净化气将 Nafion 管连续吹干,Nafion 管又可恢复其干燥性能。然而,如果气态样品中含有离子化合物,这些离子化合物就会溶解于 Nafion 管中的液态水。一旦出现这种情况,则会发生该溶液与 Nafion 管间的离子交换。这时,就需将 Nafion 管替换下来,对其进行酸处理,从而使其再生。

②要定期对 Nafion 管进行清洗

要想使 Nafion 管干燥器发挥最大效率,则必须定期对管的内、外表面进行清洗,这是由于油膜或别的沉淀物都可能降低 Nafion 管的性能。如果净化气被油污染、样品过滤不充分或者样品中发生了有害的和不可预见的化学反应,时间长了,污染物残渣就会堆积在干燥器内。一段时间以后,将会造成 Nafion 管性能的逐渐衰退,所以要定期对其进行清洗。

③操作温度

尽管 Nafion 管可以承受的温度高达 190 ℃,但其最高操作温度建议为 110 ℃。由于 Nafion 管是极强的酸性催化剂,当操作温度上升到 110 ℃以上时,气样中就有可能产生有害的化学反应,所以大多数 Nafion 管干燥器的操作温度应控制在 110 ℃以下。

④操作压力

对 Nafion 管干燥器的操作压力并无严格规定,只要保持样品气和净化气之间有一定的压力差即可。但应注意避免在 Nafion 管内造成负压,当 Nafion 管内出现负压而管外净化气压力较高时,Nafion 管可能会被压扁。这种情况往往是由于样品抽吸泵安装在 Nafion 管干燥器出口管路中所致。如需用泵抽吸样品,应将泵安装在 Nafion 管干燥器之前而不是其后。

⑤净化气

净化气可以采用干的空气或氮气,也可从 Nafion 管干燥器出口气流中引出一路旁流作为净化气,只要保持净化气的湿度低于样品气即可。为了得到最佳的干燥效果,建议将净化气流速设定为湿样品气流速的 2 倍。

3.5.7　干燥剂吸收吸附除水

（1）常用干燥剂及其除水能力

常用干燥剂及其除水能力见表 3.2。

表 3.2　常用干燥剂及其除水能力

干燥剂	适合干燥的气体	不适合干燥的气体	干燥吸收后，1 L 空气中剩余的水分含量
$CaCl_2$	永久性气体、HCl、SO_2、烷烃、烯烃、醚、酯、烷基卤化物等	醇、酮、胺、酚类、脂肪酸等	$0.14 \sim 0.25$ mg/L
硅胶	永久性气体、低碳有机物等		6×10^{-3}
KOH（熔凝）	氨、胺类、碱类等	酮、醛、酯、酸类等	2×10^{-3}
P_2O_5	永久性气体、Cl_2、烷烃、卤代烷等	碱、酮类、易聚合物等	20×10^{-6}
分子筛	永久性气体、裂解气、烯烃、炔烃、H_2S、酮、苯、丙烯腈等	极性强的组分、酸、碱性气体等	$< 10 \times 10^{-6}$

（2）使用干燥剂脱湿时的注意事项

①根据组分性质选用干燥剂。

②尽量少用。因所有的干燥剂，除能脱湿外也要吸附、吸收一些被检测的组分，即所谓无专一性。当吸附、吸收组分达到饱和后，随样品温度、压力变化会再吸附、吸收或脱附、释放出来，造成分析附加误差。

③推荐选用硅胶、分子筛作干燥剂。因其他干燥剂的使用均是一次性的，会大大提高维护成本。硅胶、分子筛可再生循环使用，再生温度最好为 100～300 ℃，再生时间为 3 h。

④同时使用两种以上干燥剂脱湿时，第一级脱湿能力选较差的，第二级较强，最后级脱湿能力最强，顺序不能颠倒。

⑤干燥罐最好用并列双路，可相互切换使用，一个作备用，以便更换干燥剂时分析不中断。

3.5.8　冷凝液的排出

无论是采用冷却器还是采用气液分离器除水，都存在一个将冷凝或分离出的液体排出的问题。样品处理系统中常用的排液方法和排液器件主要包括：

（1）利用旁通气流将液体带走

此时应安装一个针阀限制旁通流量，并对压力进行控制。但这种方法通常并不理想，因为不断地分流对气样不仅是一种浪费，而且存在有毒、易燃组分时还可能导致危险。

（2）采用自动浮子排液阀排液

自动浮子排液阀的结构见图 3.52。当液位引起浮子上升时打开阀门，使液体排出。这种方法通常也不理想，因为浮子操作阀机构往往会被样品中颗粒物所堵塞。此外，当气样压力较高或需要保持样品流路压力稳定时也不宜采用自动浮子排液阀。

（3）采用手动排液装置排液

采用图 3.53 所示的手动排液装置。这种方法解决了上述两种方法存在的问题和弊病，是一种值得推荐的排液方法，尤其适用于气样压力较高或需要保持样品流路压力稳定的场合。如将图 3.53 中的两个手动阀改为电动或气动阀并由程序进行控制,则可成为自动排液装置。

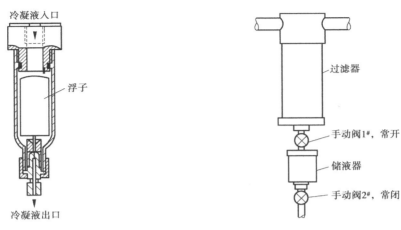

图 3.52　M&C 公司的自动浮子排液阀　　　图 3.53　手动排液装置

(4)采用蠕动泵自动排液

蠕动泵的优点是排液量小,排液流量十分稳定,很适合样品处理系统少量凝液的连续自动排放,不受样品压力高低的影响,也不会对样品流路压力的稳定产生干扰。其缺点是维护量较大,每 30~60 天就要对泵管进行预防性更换,当排液中含有颗粒物时,更换间隔时间会更短,不过泵管的更换费用较低。

3.6　样品中有害物的处理

样品中有害物的处理包括两方面含义,即对腐蚀性组分的处理和对干扰组分的处理。前者会对分析仪的测量元件及样品处理部件造成腐蚀,后者会对被测组分的正确测量带来干扰。

3.6.1　样品系统中使用的耐腐蚀材料

在样品传输和处理系统中,对于腐蚀性强的样品,主要是通过合理选用耐腐蚀材料加以应对的,对于含有少量强腐蚀性组分的样品,也可以采用吸收剂或吸附剂脱除。

(1)气体组分与所接触材料的相容性

如表 3.3 所示的材料是样品系统中的管材、接头、阀门和部件经常采用的一些材料,表中列出的组分也是气体样品中经常出现的一些组分。该表对气体分析系统的选材针对性和实用性较强,值得推荐。

至于液体样品的防腐蚀选材,由于某些酸、碱、盐溶液的腐蚀性很强,其防腐蚀问题要复杂得多,需参阅有关腐蚀数据与选材手册并根据实际经验加以解决。

表 3.3　气体组分与所接触材料的相容性

气体 \ 材料	铝	黄铜	不锈钢	蒙乃尔	镍	丁腈橡胶	聚三氟氯乙烯	氯丁橡胶	聚四氟乙烯	氟橡胶	尼龙	说明
C_2H_2			√				√	√	√	√		非腐蚀性
Air	√	√	√			√	√	√	√	√	√	
Ar	√	√	√				√	√	√			
C_4H_6	√	√	√				√	√	√		√	
C_4H_{10}	√	√	√				√	√	√	√		
CO_2	√	√	√				√	√	√			
C_3H_6	√	√	√				√	√	√			
C_2H_6	√	√	√			√	√	√	√		√	
C_2H_4	√	√	√			√	√	√	√	√		
He	√	√	√			√	√	√	√			
H_2	√	√	√			√	√	√	√			
CH_4	√	√	√			√	√	√	√			
N_2	√	√	√			√	√	√	√			
N_2O	√	√	√			√	√	√	√			
O_2	√	√	√				√	√	√	√		
C_3H_8	√	√	√				√	√	√			
SF_6	√	√	√				√	√	√			
NH_3			√				√	√	√			弱腐蚀性
CO	√	√	√				√	√	√			
H_2S			√				√		√			
SO_2	√	√	√				√		√			
C_2H_3Cl				√					√			
Cl_2				√	√				√			腐蚀性
HCl				√	√		√		√			
NO	√			√	√				√			
NO_2	√			√	√				√			

注:表中√为设计时可选材料。

（2）样品处理系统常用的橡胶和塑料材料

橡胶和塑料材料用于各种密封件（垫片、O 形圈、填料等）、一部分管材、抽吸泵、阀门、过

滤器和样品处理容器等,常用的橡胶和塑料材料及其防腐耐温性能如下:

①乙丙橡胶(EPR)。类似天然橡胶,适用于一般场合,耐温范围 − 60 ~ 150 ℃。

②丁腈橡胶(Nitril、Buna-N)。耐油,具有一定耐腐蚀性,用于含油量高的样品,耐温范围 − 54 ~ 120 ℃。

③聚醚醚酮(PEEK)。耐热水、蒸汽,可在 200 ~ 240 ℃ 的蒸汽中长期使用,在 300 ℃ 高压蒸汽中短期使用。

④聚四氟乙烯(PTFE、Teflon)。具有优良的耐腐蚀和耐热性能,几乎可抵抗所有化学介质,并可长期在 230 ~ 260 ℃ 下工作,应用广泛,耐温范围 − 200 ~ 260 ℃。

⑤聚三氟氯乙烯(PCTFE、Kel-F)。耐热和耐腐蚀性能稍低于 PTFE,耐温范围 − 195 ~ 200 ℃。

⑥聚全氟乙丙烯(FEP、F-46)。耐腐蚀性能极好,耐温低于 PTFE,耐温范围 − 260 ~ 204 ℃。

⑦聚偏二氟乙烯(PVF2、Kynar)。强度较高,耐磨损,耐腐蚀性能优良,耐温范围 − 20 ~ 140 ℃。

⑧可溶性聚四氟乙烯(PFA)。由聚四氟乙烯和聚全氟乙丙烯按一定比例共聚而成,不仅具有 PTFE 的各种优异性能,而且具有良好的热塑性,在 250 ℃ 时比 PTFE 有更好的机械强度(2 ~ 3 倍),且耐应力开裂性能优良。

⑨氟橡胶(Viton)。耐温高,耐腐蚀性能优良,耐温范围 − 40 ~ 230 ℃。

选用上述材料时,应注意其适用温度和对氟化物的适应性。对于样品处理部件中常用的 O 形密封圈来说,长期使用温度的高低依次为:氟橡胶包覆聚四氟乙烯、氟橡胶、硅橡胶、丁腈橡胶。

(3)PFA 管材和管件

近些年来,Parker、Swagelok 等公司陆续推出了 PFA(可溶性聚四氟乙烯)材质的 Tube 管、管接头和各种阀门(图 3.54),其规格系列齐全,大大方便了腐蚀性样品处理系统的设计和选用。

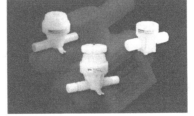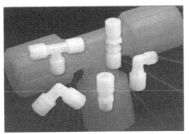

图 3.54　PFA 管材和管件

（4）当样品具有腐蚀性时浮子流量计的选用

玻璃管浮子流量计的测量管可选用高铝玻璃、硼玻璃或有机玻璃，浮子可选用玻璃、氟塑料或耐蚀金属。注意玻璃管不耐氢氟酸、氟化物和碱液。若玻璃管不满足耐温、耐压和防腐蚀要求，可选用耐腐蚀材料的金属管浮子流量计。

3.6.2 含氯气及氯化物气体样品的处理

316 不锈钢可耐干的氯气及氯化物（包括氯化氢、氯甲烷、氯乙烷、氯乙烯、氯丁烯等），但不耐湿的氯气及氯化物。其原因是氯元素会和水反应生成盐酸（HCl）和次氯酸（HClO），盐酸是还原性强酸，而次氯酸具有强氧化性，316 不锈钢不耐盐酸和次氯酸。

对于湿的氯气和氯化物样品，可采取如下措施：

（1）样品取出后立即降温除水

此法适用于含水量较高的样品。例如，在某丁基橡胶项目的色谱分析中，对含氯甲烷 85% Wt、含水 10% Wt、温度 73 ℃的气体样品，采用先降温除水，再保温传送的方法，取得了满意的效果。除水前腐蚀严重，316 管材管件不足 2 个月就被腐蚀洞穿。

（2）保温在露点以上

此法适用于含水量很少，露点在常温之下的样品。

（3）采用其他耐腐蚀材料

金属材料中仅有哈氏合金、钛材等极少数材料可以耐湿氯腐蚀，不仅价格昂贵，且无现成管材可选。塑料管材（PVC、氟塑料）虽然耐湿氯，但其耐温、耐压、密封性能远不及金属，且易老化变质，更重要的是耐火性差，着火时易损毁而造成泄漏危险。

3.6.3 含氟气及氟化物气体样品的处理

316 不锈钢耐干的氟气及氟化物，但不耐湿氟，其原因是氟元素会和水生成氢氟酸（HF），而 316 不耐氢氟酸。防腐蚀措施和湿氯一样，不同之处是可采用蒙耐尔（Monel）材料取代 316 不锈钢，Monel 耐氢氟酸，国外也有 Monel Tube 管、管件和阀门产品可选。湿氟不宜采用塑料管材，因为氢塑料不耐氟。其他塑料管材也不宜采用，因为氟有毒，一旦泄漏，不但危及人身安全，而且会造成严重的环境污染。

3.6.4 含硫蒸气及硫化物气体样品的处理

316 不锈钢耐硫蒸气（S_2）及硫化物（H_2S、SO_2、SO_3 等）腐蚀，包括干、湿含硫样品。需要注意如下问题：

（1）硫化氢和含硫气体的高温应力腐蚀现象

上述气体在高温下都具有氧化剂的作用，会破坏 316 不锈钢表面的保护性氧化膜，迅速扩散进入晶界，使金属力学性能受到损害，合金在腐蚀和一定方向的拉应力同时作用下会产生破裂，称为应力腐蚀破裂。氯气也存在高温应力腐蚀问题。

因此，在进行含硫气体和氯气伴热保温传送时，应特别注意防止蒸汽伴热产生的温度过高或局部过热，管材必须经过退火处理，并且不允许采用焊接。

（2）少量硫化物的脱除

原油中的有机硫化物包括硫醇、硫醚、二硫化物、多硫化物、噻吩、环状硫化物等，在石化装置中,这些硫化物受热后分解出大量硫化氢甚至硫元素,虽经脱硫处理,但物料中含有少量 H_2S 也是常有的事,煤制气和天然气也存在同样情况。许多在线分析仪对 H_2S 及其他含硫气体十分敏感,需要在样品处理时脱除。常用的办法是采用吸收吸附剂脱硫,如铁屑或褐铁矿粉末可脱除 H_2S、SO_2 等,无水硫酸铜脱硫剂(96% $CuSO_4$,2% MgO,2% 石墨粉)可脱除 H_2S、SO_2、NH_3 等腐蚀性气体。

3.6.5　微量有害组分的去除

对于一些含量较低的有害组分(包括上面提到的一些组分),可用吸附、吸收的办法除去。这里介绍 M&C 公司的 FP 系列吸附过滤器的适用范围和主要性能指标。其结构如图 3.55 所示。

FP 系列吸附过滤器用于吸附、吸收对分析仪有害的组分和干扰组分,吸附过滤器的容积根据气样流量以及有害的组分和干扰组分的含量而定,高度为 100 ~ 200 mm。气样由入口进入后,先沿一垂直的狭窄流路向下流动,再折转向上流动,这种流路设计一方面可使气样与吸附材料充分接触,增强吸附效果,另一方面可使气样中可能挟带的冷凝液滴直接跌落到过滤器底部,避免冷凝液滴进入吸附材料。过滤器的工作情况可以通过透明的玻璃外壳直接观察到,而无须打开过滤器进行检查。吸附材料及其适用范围见表 3.4。

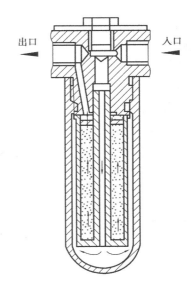

图 3.55　M&C 公司 FP 系列吸附过滤器

表 3.4　可选吸附材料及其适用范围

吸附材料	对吸附材料有害的组分	可被吸附的组分
活性炭	溶剂或油品的蒸气	SO_2,CO_2,Cl_2,NH_3
硅胶	水蒸气	SO_2,NH_3,HCl,CO_2,C_nH_m
氢氧化钙	CO_2	SO_2,Cl_2,H_2O
钠-钙	CO_2,SO_2	Cl_2,H_2O

3.7　样品的排放

样品排放包括分析后样品的排放和旁通样品的排放,对样品排放的基本要求是不应对环境带来危险或造成污染。

3.7.1　气体样品的排放

气体样品的排放有排入火炬、返回工艺和排入大气几种方式。

（1）排入火炬或返回工艺

对于易燃、有毒或腐蚀性气体，排入火炬或返回工艺是最安全、最容易和最经济的处理方法。排放设计的要点如下：

①返回点的压力应低于排放点，或者说样品排放压力应高于返回点压力[排放压力一般控制在 0.05 MPa（G）以上]，以保持足够的排放压差。当这一点难以做到时，应采用泵送。

②返回点不应有压力波动，否则会影响分析仪的性能，这一点往往也难以做到。在样品返回管线上，采用文丘里管或喷嘴节流有助于将背压波动减至最小限度。此外，通常还需要在分析仪出口管线上采取某种形式的背压控制措施，以保护分析仪，如加装自动背压调节阀、单向阀（止逆阀）等。

③如果样品中有易冷凝的组分，排放管线应伴热保温，并在适当位置加装凝液阀，自动排除冷凝物，以防止凝液堵塞和背压的形成。

④对于多台分析仪的集中排放，排放总管应有足够的容积（排放总管口径至少应为分析仪排气管口径的 6 倍），以免背压波动对分析仪造成干扰。排放总管水平敷设时，应有 1:100 ~ 1:10 的斜度，以利排放。分析仪排气管应从总管上部垂直接入，避免排放口被总管内积液或杂质堵塞。必要时，也可用排气收集罐取代排气总管，每台分析仪的排气管线应分别接入罐中。

如图 3.56 所示是美国联合碳化物公司设计的一套分析仪出口气体收集排放系统，适用于分析小屋内多台分析仪的集中排放。

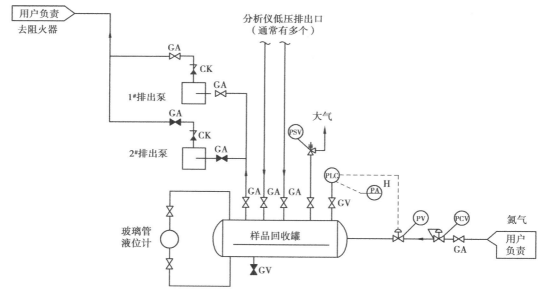

图 3.56　分析仪出口气体收集排放系统

对该系统简要说明如下：

a. 该系统由一个排气收集罐和两台隔膜泵组成，两台泵一用一备。

b. 收集罐的容积、分析仪排出流量和泵送能力应相匹配，这对于维持分析仪有一个低的稳定背压十分重要。图 3.57 中罐的直径为 1.2 m，长度为 1.8 m。

c. 就地压力控制系统（PCV 和 PIC/PV）调节收集罐内的压力，该罐的正常压力控制在 1.27 kPa。同时向控制室提供一个压力高报警信号（PA）。

d. 安全泄压阀用于保护出口收集排放系统,并对分析仪系统可能出现的高背压提供二级保护。

e. 玻璃液位计用于监测分析罐内可能出现的冷凝液,必要时通过 GV 阀排出。

f. 一般来说,每台分析仪的排气管线应分别接入罐中。

(2)排入大气

①直接排入大气

对环境无危害的清洁、无毒、不易燃气体可直接排入大气。有些以大气压力为参照点的分析仪(如红外分析仪、气相色谱仪的柱系统和检测器出口等),也需要直接排入大气。

排放时,可在分析小屋顶部伸出一根垂直管子,管子末端装有某种形式的防护罩或 180°弯头,以防雨水浸入并将风的影响降至最低限度。如果含有无害的冷凝物,应在排放系统最低点装上一个带凝气阀(疏水器)或鹅颈管(U 形管)的凝液收集罐。

②稀释后排入大气

如果可燃性气体流量不大,又无法排入火炬或返回工艺时,可设置稀释排放系统,用压缩空气或氮气在一个容积足够的稀释罐中稀释至 LEL(Lower Explosion Limited)以下,通入放空烟囱(高度至少在 6 m)排空。

以上两种排入大气方式均应注意采取分析仪背压控制措施并加装阻火器。

对于某些以大气压力为参照点的分析仪,应注意大气压变化对分析仪示值误差的影响。虽然由海拔高度引起的大气压变化可通过刻度校正来消除,但由气候变化引起的大气压变化也不容忽视(每昼夜大气压变化不超过 1 300 Pa,气候急剧变化尤其是下雨时,可达 2 600 Pa)。必要时,可在分析仪排气管线加装绝对压力调节阀,它与一般背压调节阀的区别在于其参比压力由一个抽真空的膜盒提供。

3.7.2 液体样品的排放

液体样品的排放有返回工艺和就地排放两种方式。

(1)返回工艺

液体样品一般是直接返回工艺流程,特别是样品具有产品、中间产品或原料价值时。液体样品往往需要泵送以提供传动压力。以下是两种泵送方案:

①简单泵送方案见图 3.57。

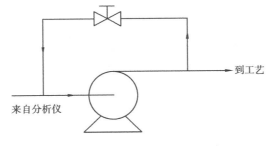

到工艺

来自分析仪

图 3.57 液体样品简单泵送方案

泵的输送能力应与分析仪排出流量相匹配且相当可靠(否则采用双泵,一用一备),当泵的容量稍稍过大时,可在旁路装上安全阀以达到匹配。

②采用收集罐的泵送方案见图 3.58。

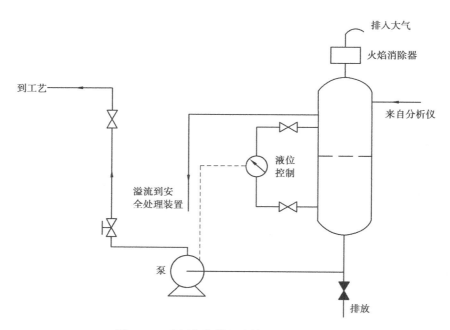

图 3.58　采用收集罐的液体样品泵送方案

对图 3.58 所示方案的简要说明：

a.通过有高低液位设定点的液位开关对泵进行开-停控制，并带高低液位报警输出和就地液位指示；

b.带阻火器的排气口用于气体的排放；

c.排液阀用于排污或罐的排空；

d.溢流排液口应加装 U 形管或鹅颈管以防止虹吸。

分析仪的位置应使其出口相对于排液总管而言有一定的高度，从分析仪引出的排液管线直接连接到排液总管上而不应经过阀门。

排液管线口径应足够大以防止对分析仪系统产生背压，并且应有一定坡度以便排气，防止气塞。

（2）就地排放

如果样品不能返回工艺，少量的、不含易燃、有毒、腐蚀性成分的液体样品可排入化学排水沟或污水沟送污水处理厂处理。如含有上述成分必须经过处理后才能排放，无论如何，不能排入地表水排水沟。

特别注意，如果液样中含有易挥发的可燃性组分，或混溶有可燃性气体成分时，必须将其脱除后才可以排放（一般加热至 40 ℃以上使其蒸出），以防可燃性气体在排水沟内积聚带来的危险。

思 考 题

3.1　样品系统中常用的泵有哪几种类型？

3.2　隔膜泵有哪些优点？试述其工作原理。

3.3　什么是喷射泵？它是根据什么原理工作的？

3.4　如何对气体样品和液体样品进行降温处理？

3.5　样品处理系统中采用的除尘方法有哪些？各有何特点？

3.6　样品处理系统中常用的过滤器有哪些类型？

3.7　在选择和使用过滤器时应注意些什么问题？

3.8　试述旋风分离器的结构和工作原理,旋风分离器的分离效果与哪些因素有关？

3.9　静电除尘器和水洗除尘的工作原理是什么？

3.10　样品处理系统中采用的除水除湿方法有哪些？各有何特点？

3.11　样品降温除水常用的冷却器有哪几种类型？

3.12　试述涡旋管的工作原理。

3.13　试述半导体冷却器的工作原理。

3.14　什么是膜式过滤器？它有何特点？

3.15　什么是 Nafion 管干燥器？它是根据什么原理工作的？

3.16　使用干燥剂脱湿时应注意哪些问题？

3.17　样品处理系统中的排液方法和排液器件有哪些？各有何优缺点？

3.18　对于含硫蒸气及硫化物的气体样品,如何加以处理？

3.19　多流路分析系统中,造成样品之间掺混污染的原因是什么？如何防止？

3.20　气体样品如何排放？排放时应注意哪些问题？

3.21　液体样品如何排放？排放时应注意哪些问题？ –

第 **4** 章
样品处理系统的安装、测试
和样品传送滞后时间计算

4.1 样品处理系统的安装

4.1.1 样品处理箱的结构和制作要求

样品处理单元(包括前处理单元和预处理单元)应装在仪表保护箱、保温箱内或金属板上,箱或板一般应安装在现场或分析小屋外墙上,如需安装在屋内,应得到用户许可。非危险性介质(如水处理系统)的样品处理单元,可放置在分析小屋内。

样品处理箱的结构和制作要求如下:

①样品处理箱应采用不锈钢板或镀锌钢板制作,外层厚度 1.5～2 mm,内层厚度 0.5～1.0 mm(内层也可用铝箔代替),保温层厚度 25 mm,门的四周用密封条密封,外壳防护等级为 IP55。

②处理箱门上一般应安装有安全玻璃视窗,四周用密封条镶边,窗口大小应至少能看到减压阀和指示仪表状态而不必打开门(前处理箱不需开窗口)。

③样品处理部件应用螺栓和螺母连接在安装板上,螺母应永久性固定在安装板上,安装板应采用 3 mm 厚的不锈钢板或镀锌钢板。处理箱内若部件较少,也可用固定支撑(如槽钢)固定。

④样品系统需要伴热保温,箱内应配备带温控阀的蒸汽加热器或带温控器的电加热器(防爆型),维持箱内温度为 40 ℃或在样品露点以上。

4.1.2 样品处理系统的配管、部件及其安装要求

样品处理系统的配管、部件及其安装要求如下:

①样品处理系统的配管和部件应能承受 1.5 倍最大操作压力而无任何泄漏或损坏。

②所有进出样品处理箱的管子均应通过穿板接头,压力表安装应采用压力表转换接头,所有压接接头均应采用双卡套型的。

③安全泄压阀用以保护那些承压范围有限的部件,如样品处理容器和玻璃外壳的部件,应安装在系统入口处,并连接至火炬或带阻尼器的放空管上。

④过流阀和限流孔板用于限制进入分析仪的危险气体流量(最高不超过分析仪正常需要量的 3 倍),应安装在系统出口处。

⑤玻璃浮子流量计仅能用于低危险场合,如清洁的非腐蚀性样品,低压低流速且温度接近于环境温度的样品,并应采取机械防护措施。高危险场合应采用不锈钢浮子流量计。每套样品处理系统都应有样品流量检测下限并向分析仪和 DCS 发送样品流量下限报警。

⑥流路切换阀应优先采用气动型阀。如采用电磁阀,应是三通型的,在需要两通的地方也要采用三通阀,把一个通路塞住。电磁阀的驱动信号应是 24 VDC,低功耗型(不大于 3 W),用于危险区域或处理可燃性物料时,应采用 Ex d 隔爆型电磁阀。

⑦应提供分析仪的检查取样点,以便取出样品送实验室作对照检验。检查取样点应位于所有样品处理部件的下游,和送往分析仪的样品具有同等代表性。取出检查样品是用的手动阀门,应使其易于操作,并减少打开受热箱体的必要性,手柄可伸出箱外,从箱子侧壁引出。检查取样点不应用作实验室工艺分析取样点,实验室取样点应与分析仪取样点及样品系统完全分离。

⑧样品处理箱内应有一个通大气的排气接口,用于通风、换热和排放泄漏气体,并由其他配管引至安全地点。样品含有毒性气体时,应通过手动截止阀向箱内提供仪表空气,用于开门之前的箱内吹扫。

⑨合理布置管线、部件位置,以便在拆下一个部件时不需要拆除其他部件。部件应安装在不同平面内,以避免配管跨接时的弯曲。管子应用切管器切平齐,管子切口应去毛刺。配管时用高质量的弯管器弯管,弯曲半径不小于管子生产厂家规定的最小弯曲半径。

⑩样品系统的所有部件均应加标记,阀和处理容器以其功能标注,安全阀、过流阀、浮子流量计应标明其设定值,加热系统铭牌标注正常操作温度,存在有毒或会使人窒息的气体时,应设置警告牌。

4.2　样品处理系统的检验测试

样品处理系统的检验测试项目和程序如下:

(1) 检验测试顺序

检验测试前,应将所有的电动和气动部件接至要连接的分析仪器或仿真仪器,驱动样品阀门动作。检验测试顺序如下:

①目测检验。

②电气连接检验。

③泄漏测试。

④功能测试。

每套样品处理系统应单独测试。

(2) 目测检验

①按照相关的文件、图纸确认所有部件都包括在内。

②确认所有部件按正确顺序相连接。

③检验部件有无损坏。

④检查所有配管安装是否齐整、平直和牢固。

⑤对大约10%的卡套接头进行抽查。

⑥检查配管、阀门、流量计、泄压阀、电磁阀等的材料是否符合图纸和规格书要求。

（3）电气连接检验

①检验额定电压无误。

②检验防爆合格证无误。

③检查安装是否牢固，配线是否正确。

④检查端子盒盖是否易于接近。

⑤检查接线端子是否紧固。

⑥检查电缆防护处理是否正确。

（4）泄漏测试

泄漏测试目的是检验由入口接管到样品处理系统所有管路、部件的气体贯通性和密封性能。测试方法是充入 0.1 MPa（G）的气体，观察其压力降每 3 min 应小于 0.007 MPa（G），如操作压力更高时，测试气体压力应为 1.25 倍正常操作压力。应采用合适牌号的泄漏检测剂涂刷在每个泄漏测试点上。压力源应采用带管道过滤器的压缩机或压缩空气钢瓶。如果样品系统中的部件标有"氧用、已清洗过"字样，则在检验过程中就必须注意保持其清洁度。

泄漏测试的步骤如下：

①泄漏测试时应将样品处理系统的全部出口关闭。由样品入口向系统充压至 0.1 MPa（G）或测试压力，然后观察压力示值。

②调整系统内的全部流量计确保浮子能自由活动。

③若样品流路不止一个，应分别检查每个流路，按要求打开各个流路切换阀。

④断开样品处理系统入口，检查全部安全泄压阀的动作，向泄压阀充压直至阀门打开，按规格书检验相应的泄放压力（如果泄压阀不动作时，应注意相关流量计、压力表或其他部件，使之不要过压）。

⑤根据实际情况，对每条标准气管线重复上述①—③步进行检查。

⑥样品系统泄漏测试结束后，取下所有测试用的配件，按原样重新连接好，然后重复上述各步对其他样品处理系统作泄漏检查。

（5）功能测试

必要时，可对样品处理系统或其中的关键部件进行诸如除尘、除湿、降温、减压效果等功能的检查和测试。这种测试需在现场进行，一般在怀疑某一功能有问题时才进行测试。

4.3　样品传送滞后时间计算方法

样品传送滞后时间也称为样品系统滞后时间，简称样品传送时间或样品滞后时间，即样品从取样点传送到分析仪的这段时间。

众所周知，分析滞后时间 = 样品传送滞后时间 + 分析仪的响应时间。对于大多数应用场合而言,分析仪的响应时间是比较快的(指连续型分析仪,而非色谱等周期型分析仪),一般均能满足工艺要求的分析时限。而在样品系统中,时间延迟经常要比分析仪的时间延迟大得多。因此,重点应放在样品从取样点传送到分析仪的过程中,包括样品处理的各个环节,尽可能地把时间延迟降至最低。

样品传送滞后时间的计算是样品系统设计的一项重要任务,通过计算不但可以求出分析滞后时间,而且可以作为评价系统品质的重要指标,为改进和优化样品系统设计提供参考。

样品传送滞后时间计算方法常有以下两种。

(1) 体积流量计算法

用样品系统的总容积除以样品体积流量,即可得到样品传送时间。

(2) 压差流速图解法

根据样品系统中两点之间的压力降,用图解法求得样品流速,用两点之间的距离除以样品流速,即可得到样品传送时间。

本章主要介绍体积流量计算法。

4.4　体积流量计算法

4.4.1　基本计算公式

样品传送滞后时间基本计算公式为

$$T_t = \frac{V}{F} \tag{4-1}$$

式中　T_t——总的样品传送时间;

　　　V——样品系统总容积;

　　　F——样品流量。

V 由样品管线容积和样品处理部件容积两部分组成,即

$$V = \frac{1}{4} \times \pi d^2 L + \sum_{i=1}^{n} V_i \tag{4-2}$$

式中　d——样品传送管线内径;

　　　L——样品传送管线长度;

　　　V_i——样品处理部件容积,$i = 1,2,\cdots,n$。

则

$$T_t = \left(\frac{1}{4} \times \pi d^2 L + \sum_{i=1}^{n} V_i \right) \div F \tag{4-3}$$

由式(4-3)可知:

$$T_t = \left(\frac{1}{4} \times \pi d^2 L + \sum_{i=1}^{n} V_i \right) \div F = \frac{\frac{1}{4}\pi d^2 L}{F} + \frac{\sum_{i=1}^{n} V_i}{F} = T_{t1} + T_{t2} \tag{4-4}$$

式中　$T_{t1} = \dfrac{\frac{1}{4}\pi d^2 L}{F}$——样品通过传送管线的时间;

$$T_{t2} = \frac{\sum\limits_{i=1}^{n} V_i}{F} \quad\text{——样品通过处理部件的时间。}$$

4.4.2 对基本公式的修正

(1)样品通过处理部件的时间 T_{t2}

样品处理部件包括阀门、过滤器、气液分离器、旋风分离器、样品冷却器等。样品在这些部件中的传送,并非是一个纯容积滞后过程,还存在一个浓度变化滞后问题,这是由于样品组成发生变化时,新进入的样品与滞留在部件中的老样品混合平均所造成的。新样品将混合样品逐步置换完毕需要一段时间,这段时间远比 $T_{t2} = \dfrac{\sum\limits_{i=1}^{n} V_i}{F}$ 要长。可以把样品处理部件看成一个阻容环节,即一阶滞后环节,其表达式为

$$y = C(1 - e^{-\frac{t}{T}}) \tag{4-5}$$

式中　C——样品组成发生阶跃变化后的浓度;

　　　y——处理部件出口浓度;

　　　T——时间常数,即 $y = 63.2\%C$ 时的时间,通常令 $T = \dfrac{\sum\limits_{i=1}^{n} V_i}{F}$,即取纯容积滞后时间为 T;

　　　t——浓度变化滞后时间。

由式(4-5)可求得

当 $t = T$ 时,$y = 63.2\%C$;

当 $t = 2T$ 时,$y = 86.5\%C$;

当 $t = 3T$ 时,$y = 95\%C$;

当 $t = 4T$ 时,$y = 98.2\%C$;

当 $t = 5T$ 时,$y = 99.3\%C$。

可见当 $t = 5T$ 时,浓度置换才接近全部完成,通常取 $t = 3T$,即出口浓度变化到 $95\%C$ 时,即认为样品已通过该部件(图 4.1)。

由此可见,样品处理部件的传送滞后时间是相当大的,其容积越大,滞后时间越长。例如,一个 0.5 L 的气液分离罐,其容积仅相当于 40 m 长 $\phi6$ mm × 1 mm 的管子,但其传送滞后时间则相当于样品通过 $40 \times 3 = 120$ m 长管子所需时间。因此,在设计样品系统时,应尽可能减少处理部件用量,尽可能采用小容积的部件。

对基本公式中 $T_{t2} = \dfrac{\sum\limits_{i=1}^{n} V_i}{F}$ 项作如下修正:

$$T_{t2} = \frac{\sum\limits_{i=1}^{n} V_i}{F} \times 3 \tag{4-6}$$

(2)样品通过传送管线的时间 T_{t1}

样品传输管线由管子和接头组成,与 Tube 管等内径的球阀、闸阀等也可以包括在内。这

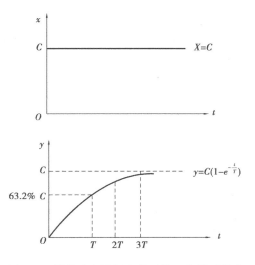

图 4.1　样品浓度阶跃变化时的一阶滞后效应

里还存在着一个死体积问题。所谓死体积，是指只有一端与流动系统相连通的体积，所有管接头和等内径阀门都有死体积，管线的死端更是明显的死体积。死体积和样品处理部件一样，也存在浓度变化滞后问题，二者不同之处是：处理部件通过均匀混合逐步完成样品置换，而死体积与流动样品通过扩散和湍流发生交换，最后被新样品填满，死体积也可看作一阶阻容环节，只是置换速度较样品处理部件还要缓慢，但由于体积很小，其影响也较小。实际计算时，可根据样品管线死体积数量的多少，用一个经验系数对传输时间加以修正：

$$T_{t1} = \frac{\frac{1}{4}\pi d^2 L}{F} \times (1.2 \sim 1.5) \tag{4-7}$$

（3）修正后的基本公式

将式（4-6）、式（4-7）代入式（4-4）：

$$T_t = T_{t1} + T_{t2} = \frac{\frac{1}{4}\pi d^2 L}{F} \times (1.2 \sim 1.5) + \frac{\sum_{i=1}^{n} V_i}{F} \times 3 \tag{4-8}$$

4.4.3　样品状态变化对计算的影响

由以上的讨论可知，样品传送滞后时间与样品系统的内部容积和样品浓度的动态更新有关。除此之外，还与样品物理状态的变化有关，尤其是气体样品减压和液体样品汽化传送带来的影响更为显著，下面分别加以讨论。

（1）液体样品

液体属于不可压缩性流体，压力的变化对液体体积的影响甚小，对于样品系统的计算来说，可以忽略不计。温度的变化对于液体体积的影响由下式给出：

$$V_t = V_{20}[1 + \mu(t - 20)] \tag{4-9}$$

式中　V_t——温度为 t ℃时液体的体积；

　　　V_{20}——温度 20 ℃时液体的体积；

　　　μ——液体的体积膨胀系数，1/℃；

t——液体温度，℃。

设 V_1 为取样探头至减温器之间样品系统的体积，V_2 为液体减温后的体积，t_1 为取样点处样品温度，t_2 为减温后的温度，则

$$V_1 = V_{20}[1 + \mu(t_1 - 20)] \tag{4-10}$$

$$V_2 = V_{20}[1 + \mu(t_2 - 20)] \tag{4-11}$$

由式(4-10)、式(4-11)可得：

$$V_2 = \frac{V_1[1 + \mu(t_2 - 20)]}{1 + \mu(t_1 - 20)} \tag{4-12}$$

对于水，其体积膨胀系数 $\mu = 18 \times 10^{-5}/℃$，即每 1 ℃变化不足 2/10 000。对于液态碳氢化合物，如 $C_6 \sim C_8$，体积膨胀系数 $\mu = (100 \sim 130) \times 10^{-5}/℃$，即每 1 ℃变化 $(1.0 \sim 1.3)/1\ 000$。由于式(4-12)中的体积 V_1 较小，当温度变化不大时(几十摄氏度之内)，其影响可忽略不计。当温度变化超过 100 ℃以上时，对于液态碳氢化合物，可按式(4-12)计算出 V_2，折算成取样探头至减温器之间样品系统的体积。

(2)气体样品

①干气体的体积与压力、温度之间的关系可由理想气体状态方程求出：

$$\frac{p_1 V_1}{T_1} = \frac{p_2 V_2}{T_2}$$

$$V_2 = V_1 \times \frac{p_1 T_2}{p_2 T_1} \tag{4-13}$$

式中　p_1、p_2——样品减压前、后的绝对压力；

　　　T_1、T_2——样品减温前、后的绝对温度；

　　　V_1、V_2——样品减压减温前、后的体积。

②式(4-13)仅适用于常温常压下的一般干气体，对于一些容易液化的气体，如 CO_2、SO_2、NH_3、C_3、C_4 等在一般温度和压力下，与理想气体状态方程的偏差就较明显。另外一些气体在高压、低温及接近液态时，应用理想气体状态方程会带来较大偏差。因此，对于上述气体，在应用式(4-13)时，应增加一个气体压缩系数 Z 来加以修正：

$$V_2 = V_1 \times \frac{p_1 T_2 Z_2}{p_2 T_1 Z_1} \tag{4-14}$$

式中　Z_1、Z_2——减温减压前、后的气体压缩系数。

气体压缩系数 Z 不仅与该气体所处工况有关，而且与该气体的临界温度、临界压力有关，即

$$Z = f(T, p, T_c, p_c) \tag{4-15}$$

式中　Z——气体在 T、p 条件下的压缩系数；

　　　T、p——气体工作状态下的绝对温度和绝对压力；

　　　T_c、p_c——气体的临界绝对温度和临界绝对压力。

③湿气体是干气体与水蒸气的混合物，其特点是气体中的水蒸气在一定条件下将发生状态变化，即水蒸气凝聚为液体，或者发生相反的蒸发过程，其体积与压力、温度的关系式可由下式给出：

$$V_2 = V_1 \times \frac{(p_1 - p_{S1}) T_2 Z_2}{(p_2 - p_{S2}) T_1 Z_1} \tag{4-16}$$

式中　p_{s1}、p_{s2}——减温减压前、后水蒸气的分压力（绝对压力），$p_s = \varphi p_{Smax}$；

　　　　φ——在 p、T 条件下的相对湿度；

　　　　p_{Smax}——在 p、T 条件下水蒸气的最大分压力（绝对压力）。

④以上讨论了气体样品的体积与压力、温度的关系，在实际计算时，V_1 代表取样探头至减压阀、减温器之间的样品系统实际容积，V_2 代表压力、温度变化后样品的实际体积。用 V_2 取代 V_1，作为取样探头至减压减温环节之间的等效容积即可。

注意式(4-15)、式(4-16)中的 p、T 为绝对压力和绝对温度，工程上给出的 p、T 一般为表压力和摄氏温度，其换算关系如下：

$$\text{绝压 } A = \text{表压 } G + 101\ 325\ \text{Pa}$$

$$101\ 325\ \text{Pa} \approx 100\ \text{kPa} = 0.1\ \text{MPa} = 1\ \text{bar}$$

$$\text{绝对温度 } K = \text{摄氏温度 } t\ ℃ + 273.15\ ℃ \approx (t + 273)\ ℃$$

（3）需汽化传输的液体样品

C_4 液体样品取出后，需就近在取样点处加以汽化，然后以气体状态传送；C_3 样品有时也呈液态，也需汽化后传送；C_5 可汽化传输，也可液相传送；C_6 以上样品一般采用液相传送。

C_3、C_4 可以用蒸汽或电加热的减压阀减压汽化，C_5 则需采用蒸汽或电加热的汽化器加热汽化。上述液体汽化后，体积膨胀 $200 \sim 300$ 倍，对传送滞后时间的影响较大，计算步骤为：

①计算样品汽化前的体积 V_1

V_1 为取样探头、到汽化室的连接管线和汽化室内汽化前的体积。

$$V_1 = \frac{1}{4} \times \pi d^2 (L_1 + L_2) V_{汽} \tag{4-17}$$

式中　d——取样探头和连接管线的内径，一般采用 $\phi 3$ mm $\times 0.7$ mm Tube 管，外套 $\phi 6$ Tube 加强管（或采用 1/8 in $\times 0.028$ in OD Tube，外套 1/4 in OD Tube 加强管）；

　　　L_1——取样探头长度，一般小于 500 mm；

　　　L_2——连接管长度，一般为 $500 \sim 1\ 000$ mm；

　　　$V_{汽}$——汽化室内毛细管长度，可忽略不计或折入连接管长度 L_2 中。

②计算汽化后的体积 V_2

在标准状态 $[0\ ℃, 101\ 325\ \text{Pa}(A)]$ 下：

$$V_2 = 22.4\ \text{L/mol} \times \frac{\rho V_1}{M} \tag{4-18}$$

式中　22.4 L/mol——标准状态下，1 mol 质量气体的体积；

　　　ρ——液体样品密度，kg/m^3（g/L）；

　　　M——摩尔质量，g/mol。

由于样品中往往含有多种组分，所以：

$$M = M_1 C_1 + M_2 C_2 + \cdots + M_n C_n = \sum_{i=1}^{n} M_i C_i \tag{4-19}$$

式中　M_i——各组分的摩尔质量；

　　　C_i——各组分的质量百分浓度。

由于样品组成不断变化，此处 C_i 取正常工况下的浓度。为简化计算，式(4-19)中可取若干主要组分进行计算（微量、痕量组分可舍弃）。

V_2/V_1 为标准状况下液体样品的体积膨胀倍数，C_3 为 $260 \sim 280$ 倍，C_4 为 $240 \sim 260$ 倍，C_5

为 195～215 倍。

由于液体汽化后并非处于标准状态,因而需要对 22.4 L/mol 加以修正。设汽化后温度为 40 ℃(一般伴热保温至 40 ℃左右传送),则

$$22.4 \text{ L/mol} \times \frac{40 + 273.15}{273.15} = 25.68 \text{ L/mol} \tag{4-20}$$

汽化后压力约 1 bar(G),传输至快速回路分叉点时,一般为 0.5 bar(G),进色谱仪前约 0.3 bar(G),按 0.5 bar(G) = 1.5 bar(A)计算:

$$25.68 \text{ L/mol} \div 1.5 = 17.12 \text{ L/mol} \tag{4-21}$$

则式(4-18)经修正后可写为:

$$V_2 = 17.12 \text{ L/mol} \times \frac{\rho V_1}{M} \tag{4-22}$$

③V_1 代表取样探头至汽化器之间样品系统实际容积,V_2 代表液体样品汽化后的体积,用 V_2 取代 V_1 作为探头至汽化环节的等效容积即可。

4.4.4 带快速回路的样品传送滞后时间计算公式

为了缩短传送滞后,样品系统中一般均含有快速回路,其构成形式有两种,一种是利用工艺管线上的压差,在其上下游之间并联一条管线,称为返回到工艺装置的快速循环回路,样品从回路上的某一点取出,如图 4.2 所示。另一种是样品从工艺管线取出直接引往分析仪,在进入分析仪预处理系统前引出一条支路,称为通往废料的快速旁通回路,旁通回路的样品一般作为废气、废液处理,有的也增压后返回工艺装置,如图 4.3 所示。

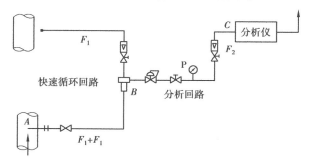

图 4.2　带快速循环回路的样品系统

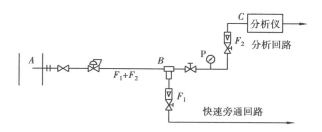

图 4.3　带快速旁通回路的样品系统

带快速回路的样品系统滞后时间计算如下:

$$T_t = T_{AB} + T_{BC} = \frac{V_1}{F_1 + F_2} + \frac{V_2}{F_2} \tag{4-23}$$

式中　T_t——总的样品传送时间;

T_{AB}——AB 段(从取样探头至旁通过滤器)的传送时间;

T_{BC}——BC 段(从旁通过滤器到分析仪)的传送时间;

V_1、$F_1 + F_2$——AB 段的容积和流量;

V_2、F_2——BC 段的容积和流量。

$$T_{AB} = \frac{V_1}{F_1 + F_2} = \frac{\frac{1}{4} \times \pi d_1^2 L_1 + \sum V_{i1}}{F_1 + F_2} \tag{4-24}$$

$$T_{BC} = \frac{V_2}{F_2} = \frac{\frac{1}{4} \times \pi d_2^2 L_2 + \sum V_{i2}}{F_2} \tag{4-25}$$

可按式(4-24)和式(4-25)分别计算 AB 段和 BC 段的传送时间 T_{AB} 和 T_{BC},然后由 $T_t = T_{AB} + T_{BC}$ 得出样品系统总的传送时间。

4.4.5　计算示例

示例 1

采用过程气相色谱仪对氨合成塔循环气进行在线分析,工艺数据如下:

样品组成和正常含量:

H_2	72.62 mol%
N_2	3.24 mol%
Ar	0.72 mol%
NH_3	2.42 mol%

样品相态:气相

取样点压力(正常):11.6 MPa(G)

取样点温度(正常):66 ℃

工艺管道尺寸:16 in (DN 400)

取样和样品处理系统流路图参见图 4.4。

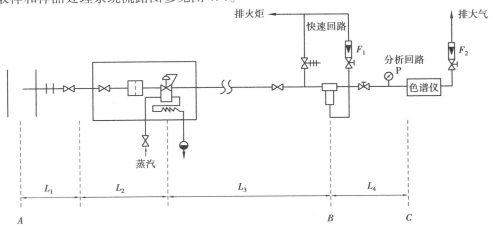

图 4.4　样品传送滞后时间计算示例流路图

其中，L_1——取样探头，长 300 mm，ϕ6 mm × 1 mm Tube；

　　　L_2——取样探头至减压阀连接管线，长 700 mm，ϕ6 mm × 1 mm Tube；

　　　L_3——减压阀至旁通过滤器连接管线，长 50 m，ϕ6 mm × 1 mm Tube；

　　　L_4——旁通过滤器至色谱仪连接管线，长 500 mm，ϕ3 mm × 0.7 mm Tube。

以上 $L_1 \sim L_4$ 管线长度包括 Tube 管和管接头、阀门、过滤器（均为等径）长度之和。试计算样品传送滞后时间 T，要求 $T < 60$ s。

解：①计算 $L_1 + L_2$ 的容积 V_1（样品减压前体积）

$$V_1 = \frac{1}{4} \times \pi d_1^2 (L_1 + L_2) = \frac{1}{4} \times 3.14 \times 4^2 \times (300 + 700) \text{ mm}^3$$

$$= 12\ 560 \text{ mm}^3 = 0.012\ 56 \text{ L}$$

②计算 V_1 体积的高压样品减压后的体积 V_2

设样品减压后传送至旁通过滤器时的压力为 0.5 bar(G)，温度为 20 ℃。

$$V_2 = V_1 \times \frac{p_1 T_2}{p_2 T_1} = 0.012\ 56 \text{ L} \times \frac{(116 + 1) \text{ bar(A)} \times (20 + 273) \text{ K}}{(0.5 + 1) \text{ bar(A)} \times (66 + 273) \text{ K}}$$

$$= 0.012\ 56 \text{ L} \times 67.42 = 0.846\ 8 \text{ L}$$

③计算 L_3 的容积 V_3

$$V_3 = \frac{1}{4} \times \pi d_1^2 L_3 = \frac{1}{4} \times 3.14 \times 4^2 \times 50\ 000 \text{ mm}^3 = 628\ 000 \text{ mm}^3 = 0.628 \text{ L}$$

④计算 $V_2 + V_3$ 并乘以经验系数 1.2

$$(V_2 + V_3) \times 1.2 = (0.846\ 8 \text{ L} + 0.628 \text{ L}) \times 1.2 = 1.77 \text{ L}$$

⑤将快速旁通回路流量设定为 $F_1 = 2$ L/min，分析回路流量为 $F_2 = 0.1$ L/min（色谱仪需要的样品流量为 100 mL/min），则样品传送至旁通过滤器所需时间 T_{AB} 为

$$T_{AB} = \frac{1.77 \text{ L}}{F_1 + F_2} = \frac{1.77 \text{ L}}{(2 + 0.1) \text{ L/min}} = 0.843 \text{ min} \approx 51 \text{ s}$$

⑥计算 L_4 容积 V_4 并乘以经验系数 1.2

$$V_4 = \frac{1}{4} \times \pi d_2^2 L_4 = \frac{1}{4} \times 3.14 \times 1.6^2 \times 500 \text{ mm}^3 = 1\ 005 \text{ mm}^3 \approx 0.001 \text{ L}$$

$$V_4 \times 1.2 = 0.001 \text{ L} \times 1.2 = 0.001\ 2 \text{ L}$$

⑦计算样品通过 L_4 所需时间 T_{BC}

$$T_{BC} = \frac{0.001\ 2 \text{ L}}{F_2} = \frac{0.001\ 2 \text{ L}}{0.1 \text{ L/min}} = 0.012 \text{ min} = 0.72 \text{ s} \approx 1 \text{ s}$$

⑧样品传送总滞后时间 T 为

$$T_t = T_{AB} + T_{BC} = 51 \text{ s} + 1 \text{ s} = 52 \text{ s} < 60 \text{ s}$$

示例 2

采用过程气相色谱仪对乙烯精馏塔产品乙烯进行在线分析，工艺数据如下：

样品组成及正常含量：

CH_4	0.01% mol
C_2H_2	$(0 \sim 5) \times 10^{-6}$
C_2H_4	99.96% mol
C_2H_6	0.03% mol

样品相态和密度:液相,567.4 kg/m³

取样点压力(正常):1.818 MPa(G)

取样点温度(正常):-31.0 ℃

工艺管道尺寸:4 in(DN 100)

样品返回点压力:0.06 MPa(G)

取样和样品处理系统流路图参见图4.5。

其中,L_1——取样探头,长 150 mm,ϕ3 mm ×0.7 mm Tube,外套ϕ6 加强管;

L_2——取样探头至减压汽化阀连接管线,长 500 mm,ϕ3 mm ×0.7 mm Tube;

L_3——减压汽化阀至旁通过滤器连接管线,长 40 m,ϕ6 mm ×1 mm Tube;

L_4——旁通过滤器至色谱仪连接管线,长 500 mm,ϕ3 mm ×0.7 mm Tube。

以上 $L_1 \sim L_4$ 管线长度包括 Tube 管和管接头、阀门、过滤器(均为等径)长度之和。试计算样品传送滞后时间 T_t,要求 $T_t < 40$ s。

解:①计算 $L_1 + L_2$ 的容积 V_1(样品汽化前的体积)

$$V_1 = \frac{1}{4} \times \pi d_1^2 (L_1 + L_2) = \frac{1}{4} \times 3.14 \times 1.6^2 \times (150 + 500) \text{ mm}^3$$

$$= 1\,306 \text{ mm}^3 \approx 0.001\,31 \text{ L}$$

②计算 V_1 体积的液体样品汽化后的体积 V_2

$$V_2 = 22.4 \text{ L/mol} \times \frac{\rho V_1}{M} \times \frac{p_1 T_2}{p_2 T_1}$$

式中 ρ——液体样品的密度,$\rho = 567.4$ kg/m³ $= 567.4$ g/L;

M——样品的摩尔质量,由于样品中除乙烯外其他组分均为微量,故取乙烯的摩尔质量 28.0 g/mol 作为样品的摩尔质量,则 $M = 28.0$ g/mol;

p_1——标准状态下的绝对压力,$p_1 = 101\,325$ Pa(A) ≈ 1 bar(A);

p_2——样品传送至旁通过滤器时的绝对压力,因为样品返回点压力为 0.06 MPa(G) $=$ 0.6 bar(G),所以旁通过滤器处的样品排放压力应为 1 bar(G) $= 2$ bar(A),则 $p_2 = 2$ bar(A);

T_1——标准状态下的绝对温度,$T_1 = 273$ K;

T_2——样品的绝对温度,设样品保温至 40 ℃传送,则 $T_2 = (40 + 273)$ K $= 313$ K。

则

$$V_2 = 22.4 \times \frac{567.4 \times 0.001\,31}{28.0} \times \frac{1 \times 313}{2 \times 273} = 22.4 \times 0.026\,55 \times 0.573\,3$$

$$= 0.340\,9 \text{ L}$$

③计算 L_3 容积 V_3

$$V_3 = \frac{1}{4} \times \pi d_2^2 L_3 = \frac{1}{4} \times 3.14 \times 4^2 \times 40\,000 \text{ mm}^3$$

$$= 502\,400 \text{ mm}^3 = 0.502\,4 \text{ L}$$

④计算 $V_2 + V_3$ 并乘以经验系数 1.2

$(V_2 + V_3) \times 1.2 = (0.340\,9 \text{ L} + 0.520\,4 \text{ L}) \times 1.2 = 0.843\,3 \text{ L} \times 1.2 = 1.012\,0 \text{ L}$

⑤快速旁通回路流量设定为 $F_1 = 1.5$ L/min,分析回路流量为 $F_2 = 0.1$ L/min,则样品传

送至旁通过滤器所需时间 T_{AB} 为：

$$T_{AB} = \frac{V_2 + V_3}{F_1 + F_2} = \frac{1.012\ 0\ \text{L}}{(1.5 + 0.1)\ \text{L/min}} \approx 0.63\ \text{min} = 38\ \text{s}$$

⑥计算 L_4 容积 V_4 并乘以经验系数1.2

$$V_4 = \frac{1}{4} \times \pi d_1^2 L_4 = \frac{1}{4} \times 3.14 \times 1.6^2 \times 500\ \text{mm}^3 = 1\ 005\ \text{mm}^3 \approx 0.001\ \text{L}$$

$$V_4 \times 1.2 = 0.001\ \text{L} \times 1.2 = 0.001\ 2\ \text{L}$$

⑦计算样品通过 L_4 所需时间 T_{BC} 为

$$T_{BC} = \frac{0.001\ 2\ \text{L}}{F_2} = \frac{0.001\ 2\ \text{L}}{0.1\ \text{L/min}} = 0.012\ \text{min} \approx 1\ \text{s}$$

⑧样品传送总滞后时间 T_t 为

$$T_t = T_{AB} + T_{BC} = 38\ \text{s} + 1\ \text{s} = 39\ \text{s} < 40\ \text{s}$$

对于上述两个计算示例，需要作以下说明：

①为了简化计算，上述两个示例中均未考虑样品处理部件造成的容积滞后，但实际计算时必须注意这一点，特别是当样品处理部件的容积较大时，更应充分考虑其对样品传送时间的影响。

②上述两个计算示例是针对正常工况作出的。实际运行中，组分含量、样品压力、温度、环境温度和样品返回点压力等均可能偏离正常情况，此时可适当加大快速旁通回路流量 F_1，以满足样品传送滞后时间的要求。

思考题

4.1 为什么要进行样品系统滞后时间计算？

4.2 样品系统滞后时间计算方法有哪几种？

4.3 采用过程气相色谱仪对氨合塔循环气进行在线分析，工艺数据如下：

样品组成和正常含量：

H_2　72.62 mol%　　　　　　N_2　24.24 mol%

Ar　0.72 mol%　　　　　　　NH_3　2.42 mol%

样品相态：气相

取样点压力（正常）：11.6 MPa（G）

取样点温度（正常）：66 ℃

工艺管道尺寸：16 in（DN 400）

取样和样品处理系统如图4.5所示，其中，

L_1——取样探头，长300 mm，$\phi6$ mm×1 mm Tube；

L_2——取样探头至减压阀连接管线，长700 mm，$\phi6$ mm×1 mm Tube；

L_3——减压阀至旁通过滤器连接管线，长50 m，$\phi6$ mm×1 mm Tube；

L_4——旁通过滤器至色谱仪连接管线，长500 mm，$\phi3$ mm×0.7 mm Tube。

以上 $L_1 \sim L_4$ 管线长度包括 Tube 管和管接头、阀门、过滤器（均为等径）长度之和。

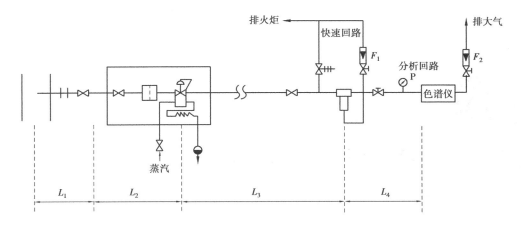

图 4.5　样品传送滞后时间计算用图

试计算样品传送滞后时间 T，要求 $T < 60$ s。

第 **5** 章
分析小屋和分析仪系统的安装

5.1 分析仪的遮蔽物

在线分析仪器安装在工业现场,需要为其提供不同程度的气候和环境防护,以确保仪器的使用性能并利于维护。为分析仪提供气候和环境防护的部件或设施称为遮蔽物。

在线分析仪器的遮蔽物有分析仪外壳、分析仪箱柜、分析仪掩体和分析仪小屋四种。

（1）分析仪外壳

分析仪外壳是仪器的构成部分之一。如 pH 计、电导仪等,可直接露天安装,其气候和环境防护完全由外壳承担。

这种安装方式的优点是外壳周围自然通风,不存在爆炸性气体积聚的风险,安装费用低。缺点是维护人员没有气候防护,仪器易受腐蚀性气体侵袭,其使用寿命可能比安装在箱柜、掩体和小屋内的短,当仪器需要加热温控或经常开盖维修时,这种方式是不适宜的。

（2）分析仪柜

分析仪柜是一种小而简单的遮蔽物,分析仪可单台或组合安装在柜中。

安装在箱柜中的分析仪应符合所处地点的区域危险等级。柜子应符合现场环境条件和分析仪制造厂的技术要求,并应考虑维护时的可接近性。

分析仪柜提供了一种改善仪器环境防护的价廉方法,通风一般依靠自然通风。自然通风不会改变区域的危险等级,如果需要在危险场所安装非防爆型仪表时,必须将其安装在正压防爆型仪表柜内,这种箱柜应具有合格防爆证书,并符合安装场所的防爆要求。

（3）分析仪防护棚

分析仪防护棚也称分析仪掩体,它是一种一面或多面敞开的遮蔽物,可解除对自然风通过的阻碍,防护棚内可安装一台或多台分析仪,仪器的维护通常在棚内进行。

当分析仪符合所处场所的区域危险等级,且环境条件符合分析仪生产厂的技术要求时,可采用这种遮蔽方式安装。这种防护棚适宜安装对气候防护要求很低的分析仪,其优点是可提供永久性自然通风,当可燃性或有毒性物质泄漏时会得到自然风的稀释,可以安装多台分析仪,可为维护人员提供某些气候保护。其缺点是仅能提供最小的气候防护,不能像分析小屋那样人为改变仪器安装环境的区域危险等级(如采取正压通风措施等)。

(4)分析仪小屋

现场分析仪小屋通常简称分析小屋,它是一种可安装一台或多台分析仪的封闭型构筑物,分析仪的维护在小屋内进行。

分析小屋安装费用高,但它对于需要高等级防护、用途重要且需要经常维护的分析仪是合理的,小屋为分析仪提供了可控制的操作和维护环境,并可降低仪器的生命周期成本(延长使用寿命,降低维护成本)。在环境条件恶劣的场合,这种保护形式尤为必要。

分析小屋的通风有两种选择:自然通风或正压通风。

分析小屋的自然通风是由外部风力和/或由内、外热量梯度引起的,为了加强通风效果,往往辅之以机械通风设备,如安装换气扇或鼓风机等。自然通风系统(包括附带机械通风设备的通风系统)对小屋内的环境条件仅能提供有限的控制,小屋内的区域危险等级和小屋外完全一样,其优点是制造成本和运行费用低。采用这种通风系统的分析小屋仅能用于非危险区或 2 区爆炸危险场所。

在 1 区爆炸危险场所,必须采用正压通风,通风空气取自非危险区域或空间,供风压力应维持室内外空气有一定的压力差,供风流量应保证规定的小屋内部空气置换量。正压通风系统可严格控制小屋内的环境条件,小屋内的区域危险等级也可根据分析仪的防护要求加以改变。

小屋的结构形式有土木结构和金属结构两种,前者在现场就地建造,后者在系统集成商的工厂里建造。与土木结构的小屋相比,金属结构的小屋有如下优点:

①分析仪系统能够在模拟运行条件下得到充分测试。设计、设备和安装缺陷可以在发运到现场之前得到纠正。这一点对于保证系统顺利投运和降低现场维护量至关重要。

②集成商工厂安装不受现场气候和施工条件的影响。

③整套系统的设计、安装、调试、投运由系统集成商负责,提供交钥匙工程。

④可避免现场安装中各设计专业、各施工工种协调对接引起的麻烦和差错,提高了系统的可靠性。

⑤所有相关文件合并到系统集成商提供的单独档案里。

5.2　分析小屋的一般设置原则

5.2.1　分析小屋的外形与布局设计

分析小屋应独立设置,其位置应靠近关键采样点。分析小屋的外形应根据用户要求的安装场地位置及尺寸大小确定,并考虑设备的运输安全,如通过集装箱运输应考虑其符合安放条件,如采用车辆运输应考虑其宽度、高度及长度适宜公路的运输要求。

分析小屋内部的布局设计主要包括分析仪、样品处理系统、辅助电气设备、各种电路、气样、液样的管道布线(包括废气、废液的排放管线)以及照明、通风、空调、监测设备、配电系统的安装等。内部尺寸取决于分析仪和辅助设备的数量、分析仪及辅助设备的安装要求以及维护人员方便操作要求等。图5.1是一种分析小屋内部典型平面布置图。

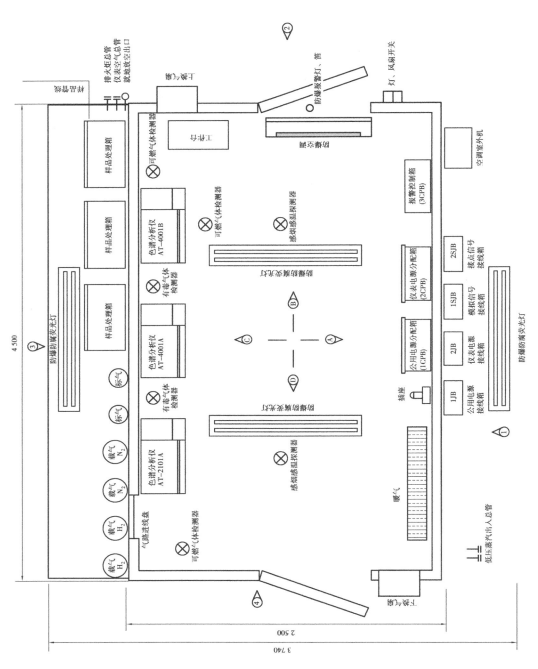

图5.1 分析小屋典型平面布置图

5.2.2　分析小屋的安全要求

（1）通风要求

安装通风设备是为了控制气候、防腐蚀、防窒息、防爆和/或保障人身安全。通风空气源最好设在非危险区域，如果不能达到此要求，安装在分析小屋的设备应适用于 2 区爆炸危险场所或更恶劣区域，可以使用 2 区的空气；或者在进气口安装一种或多种气体检测器监测，当检测值低于 20% LEL 时可停止通风，尽可能避免设置在 1 区爆炸危险场所。

（2）安全标识

①分析小屋的入口处应粘贴标明危险类型的标识牌，表示仅允许有资质的工作人员进入，标识牌包括分析小屋的机构责任信息（名称、部门、电话号码等）。

②如果需要，适用时，分析小屋应产生与下列安全相关的现场报警和指示信号：

a. 通风失灵（吹扫和/或正压）；

b. 可燃性气体（浓度不应超过 20% LEL）；

c. 火或烟；

d. 自动灭火器释放；

e. 气/火监测仪器失灵。

5.2.3　分析小屋的防爆要求

（1）一般要求

安装在分析小屋内的分析仪及电气设备应满足分析小屋内部区域分类对应的防爆要求。出现危险情况，无防爆保护的电气设备应断开，最好是自动的或在长期有人值守的场所利用外部手动开关切断。

（2）采取人工通风的防爆措施

①存在外部爆炸危险的分析小屋，在与分析小屋连接的 0 区和 1 区爆炸危险场所分界位置应有空气隔断。供给分析小屋洁净空气，这样可以迫使通风设施在室内产生正压，以防止外部大气侵入。

②爆炸危险源自内部可燃性气体或蒸气的分析小屋的要求：

a. 保持室内足够的吹扫空气，供给小屋洁净的空气，通风出入口的设置应依据可燃性气体或蒸气的密度而定，密度比空气小时设置在顶部，比空气大时设置在底部。应设置吹扫空气出口以便保持各路风向的畅通，如垂直百叶窗方法。

b. 在可燃性气体可能泄漏的情况下，气体流速应保证可燃物质释放量不得超过国家标准的 LEL（通常不大于 50% LEL）。

c. 在通风失灵情况下，所有点燃源都应采取安全防护措施，但当失去该设备将产生更危险的情况时除外。这些点燃源应包括火焰、点燃温度以上的表面和非防爆电气设备。

所有向分析小屋输送可燃性气体或蒸气的管路应有清楚的标识，在外面安装易触及的手动和/或自动的关闭阀。可燃试样和辅助气体的减压和限流装置（如过流阀、限流阀和孔板等）应安装在分析小屋外。

5.3 分析小屋的结构和外部设施

5.3.1 外形尺寸

金属结构的分析小屋属于非标产品,其大小可根据分析仪的数量、类型、系统复杂程度和操作维护空间确定,并应留有适当余地。受长途运输条件限制,其外形尺寸一般如下:

长度:室外主体 2 500 ~ 6 500 mm。(考虑到标准钢材定尺和吊装、运输结构强度问题,单个分析小屋长度不宜超过 6 500 mm,如果长度超过 6 500 mm,可采用组合式结构,分体制作,运输到现场后再组合成一体,也可采用两个分析小屋实现。)

宽度:室外主体 2 500 mm,最宽不应超过 3 000 mm(受公路运输宽度限制)。

高度:室外主体 2 700 ~ 3 000 mm(受通过立交桥、隧道时的高度限制),室内净高 2.5 ~ 2.8 m。

5.3.2 机械结构及材质要求

(1)骨架、底座和屋顶

分析小屋的骨架、底座和屋顶为金属构件,采用型钢焊接而成,应有足够的强度及刚性,保证分析小屋在荷载、起吊、平移和运输时不变形。

底座主框架宜采用 12 ~ 20 号槽钢,地板龙骨下方用两根 10 ~ 12 号槽钢或工字钢作为支撑梁,主框架、地板龙骨和支撑梁均应焊接连接,保证维护人员在室内走动时地板不震动。

屋顶边框和主梁宜采用 10 ~ 12 号槽钢,并在宽度方向用 8 ~ 10 号槽钢作为主梁和屋顶龙骨支撑,均应焊接连接,以防扭曲变形。屋顶应有一定的倾斜度,坡度至少为 4% ,可呈 A 型或一面斜坡结构,不允许采用平顶,以防雨水积存。

(2)内外墙和内外顶面板

外墙面板宜使用 1.5 ~ 2 mm 钢板制作,可采用 π 形板式拼装结构形成外墙面,在焊接工艺可以保证的情况下,也可采用带肋镀锌钢板焊接结构形成外墙面。采用 π 形板式拼装结构的外墙面板宜使用不锈钢板(304SS,推荐使用不锈钢拉丝覆膜板),也可使用镀锌钢板。使用镀锌钢板时必须进行表面喷涂处理,喷涂颜色:白色或国际灰色。

内墙面板和天花板宜使用 1.2 ~ 1.5 mm 钢板制作,材料使用镀锌钢板或冷轧钢板,也可根据用户要求使用不锈钢板。使用镀锌钢板或冷轧钢板必须进行表面喷涂处理,喷涂颜色:天花板为白色亮光漆,内墙面板为白色亚光漆。

屋顶面板需进行有效的防雨设计,可使用搭扣结构的拼装式防雨设计或平面焊接式防雨设计。材料使用 1.5 ~ 2 mm 不锈钢板,保证屋顶面板耐腐蚀性能的持久。外顶面板承重能力应不小于 250 kg/m² 且不发生永久性形变。

(3)保温层

内外墙和内外顶之间间填充阻燃型保温材料(矿岩棉等),保温层厚度一般为 70 ~ 75 mm,严寒或酷热地区应加厚至 80 ~ 85 mm。

（4）地板

地板应为防滑金属板。宜使用 4～6 mm 钢板制作,材料根据用户要求可使用花纹不锈钢板,也可使用花纹镀锌钢板或热轧钢板。使用镀锌钢板或热轧钢板必须进行表面喷涂处理,喷涂颜色一般为灰色。必要时可加一层防静电塑胶板。

（5）门

小屋的门应是外开型的,国外标准规定:小屋面积不大于 9 m² 时只设一个门,大于 9 m² 时应设两个门:主门和安全门。安全门应设在维修人员面对仪器操作时,向右转身 90° 所面对的墙上,以便发生意外情况时,能迅速撤离小屋。《石油化工在线分析仪系统设计规范》(SH/T 3174—2013)规定,长度超过 6 m 的分析小屋应设两个门。

门的标准尺寸:宽度,900 mm;高度,2 000 mm;厚度,40～50 mm。内外面板宜使用与内外墙板相同厚度和材质的钢板制作。内部须使用 3～6 mm 的 C 形冷板,按一定结构强度和尺寸的要求焊接成门体框架并填充保温材料。喷涂色泽:外门板与内门板均喷涂成橘黄色。

门上应设透视尺寸不小于 300 mm×300 mm 的玻璃观察窗,也可按用户要求设置特殊尺寸的观察窗。防爆场所的观察窗应采用防爆安全玻璃(叠层玻璃,层间加金属丝网)制作,不得采用单层钢化玻璃替代叠层玻璃。

所谓安全玻璃是指可以避免因受强烈冲击(如爆炸、气浪冲击、机械冲击等),致使玻璃破碎,尖利碎片飞出伤人的一种玻璃。按规定,安全玻璃应当是叠层玻璃,由 2～3 层玻璃(可用 5 mm 厚普通玻璃)用聚酯胶乳粘接在一起制成,当受到强烈冲击破碎时,其尖利碎片被胶乳粘连而不会飞出。用于爆炸性危险场所时,夹层间应加金属丝网,这种金属丝网夹层玻璃才可称为防爆安全玻璃。

钢化玻璃也是一种安全玻璃,用于建筑门窗玻璃、汽车风挡玻璃等场合。钢化玻璃通过特殊加工工艺制成:物理方法是将玻璃加热到软化点后骤冷,类似于金属材料的淬火处理;化学方法是钾离子置换硅酸钠中的钠离子,钾离子比钠离子相对分子质量大,硅酸钾比硅酸钠的致密度高。这两种方法均可使玻璃在受到强烈冲击破碎时,形成粒状碎片,但无尖利划痕,这种粒状碎片飞出,对人的伤害较小。但不宜用于爆炸性危险场所,发生爆炸时,这种粒状碎片仍然可以伤人,特别是伤害眼睛。钢化玻璃如果用于防爆场所,仍应制成夹层结构,才可称为防爆安全玻璃。

门内须安装结构合理、可靠的碰撞型逃生安全锁,无论门是否从外部锁闭,内部人员均可便捷、迅速地推开安全锁撤离。

门缝和窗缝镶橡胶密封条密封。

（6）其他要求

小屋内部应避免有可能积聚气体的死角和沟槽,小屋高处应开有合适的排气孔,以防气体积聚。样品预处理单元、载气钢瓶、标准气瓶和实验室人工分析取样点应位于小屋外部。

5.3.3 分析小屋的外部设施

①小屋外面设有带防护链的气瓶固定支架,用于放置载气钢瓶和标准气瓶,必要时可加气瓶护栏,以防无关人员接近。在高寒地区或环境条件恶劣场合,也可在小屋内隔出一个气瓶间,气瓶间应单独设门并配备照明、通风设施。

②门、接线箱、气瓶架和样品预处理箱上方应有防雨遮沿,或将小屋顶檐向外延伸 600～

800 mm,用以防雨遮盖。

③小屋顶部应有供整体吊装用的吊环。

5.3.4 分析小屋的地坪

分析小屋应放置在水泥平台上,以防碳氢化合物渗入,平台标高至少应比周围地坪高150~300 mm,平台表面应平坦整洁,以防小屋产生形变。

小屋与地坪的固定一般采用焊接方式,即在平台四角预埋固定件,与小屋底座槽钢焊接固定。有时也采用地脚螺栓固定方式。

5.4 分析小屋的配电、照明、通风、采暖和空调

5.4.1 配电

分析小屋的照明灯、通风机、空调器、维修插座等公用设备由工业电源供电。分析仪系统、安全检测报警和联锁系统由 UPS 电源供电。

HVAC 机组和电伴热系统耗电量高,应单独配电,不应和其他设备混合配电,以免相互干扰。

对分析小屋配电的要求如下:

①公用配电和仪表配电应彼此独立,不应合用一个接线箱或配电箱;不同电压等级的电源(如380VAC、220VAC、UPS、24VDC)也应彼此独立,不应合用一个接线箱或配电箱。

②电源接线箱应位于小屋外部,电源线应通过接线箱接入分析小屋。

③电源总开关应位于小屋外部,以便小屋内出现危险情况时断开供电。

④配电箱位于小屋内部,每台仪器和设备应分别供电和配线。

⑤每个配电回路应配有各自的熔断保护装置和手动开关。

⑥公共配电和仪表配电均应留出至少一个备用回路。

⑦电源开关、配电箱、接线箱等电气设备应符合安装场所的防护、防爆要求。安装在小屋外部时,防护等级不应低于 IP65;安装在危险场所时,防爆型式应选 Ex d(e)型。

5.4.2 照明

分析小屋内正常照度应高于 300 lx,以利于操作和维修。应配备事故照明,事故照度应高于 50 lx,可采用带逆变器和蓄电池的照明灯具,停电备用时间不少于 30 min。照明设备应适用于 1 区爆炸危险场所。照明开关应安装在分析小屋外主门旁,采用防爆电源开关。

为了便于夜间维护操作,分析小屋外部的样品处理箱和气瓶护栏上方也应提供照明并配备照明开关。

5.4.3 通风、采暖和空调

(1)通风

分析小屋应配备通风机,一般采用防爆轴流风机。当室内可能存在的有害气体比重小于

1 时,风机应装在小屋上部,比重大于 1 时,装在小屋下部。风机开关一般装在室外主门旁,采用防爆电源开关。

需要说明的是,采用这种通风设施的分析小屋仅能用于非爆炸危险区或 2 区爆炸危险场所。适用于 1 区爆炸危险场所的正压通风系统将在 5.4 节专门介绍。

(2)采暖

分析小屋内的温度一般控制在 10 ~ 30 ℃,冬季可使用蒸汽采暖装置,暖气散热面的表面温度应不超过区域危险等级允许的温度,并用护罩加以屏蔽,以防人体直接接触造成烫伤。

室内暖气管线连接均应焊接,以防蒸汽泄漏损坏分析仪。蒸汽进出管线截止阀装在室外,采用法兰连接方法。必要时可加装自动控温阀,用于调节蒸汽流量和室温。

(3)空调

当环境条件和设备散热在分析小屋内造成不可接受的高温时(分析仪对环境温度的要求是小于 50 ℃,带 LCD 液晶显示屏的分析仪对环境温度的要求是小于 40 ℃),应配备防爆空调装置,以满足分析仪运行环境温度要求。防爆空调有窗式、壁挂式和柜式三种,可根据需要选用。

5.5　正压通风系统和 HVAC 系统

5.5.1　正压通风及其作用

正压通风是指采取强制通风措施,当分析小屋除排风口外的所有通道关闭时,保持室内外压差不低于 25 ~ 50 Pa($2.5 \sim 5$ mmH$_2$O)。其作用有二,一是使分析小屋处于微正压状态,防止室外可燃性气体、腐蚀性气体和灰尘进入室内;二是将室内可能泄露的危险气体稀释并排出。

应采取正压通风措施的场合:分析小屋处于 1 区爆炸危险场所时;分析小屋外部经常存在腐蚀性气体,进入室内会对仪器设备造成腐蚀时。

正压通风降低了小屋内部的区域危险等级,例如,一座分析小屋位于 1 区爆炸危险场所,采取正压通风措施后,小屋内部环境可降至 2 区甚至非危险区。不仅改善了维护人员的工作环境,也降低了对电气设备防爆性能的要求,位于 1 区的分析小屋内可以安装仅适用于 2 区的仪表和设备。

正压通风仅能改善分析小屋内部的区域危险等级,并不能改变电气设备的防爆性能。分析小屋内部整套电气设备的综合防爆性能,取决于其中防爆等级最低的设备。如果只有 1 台设备是 ⅡBT3 级,其余均为 ⅡCT4 级,那么,整套电气设备的综合防爆等级就是 ⅡBT3 级,要提高综合防爆性能,只有将全部设备均提升到 ⅡCT4 级。

5.5.2　正压通风系统的构成

典型的正压通风系统由以下三个部分构成:

(1)风筒组件

由吸风筒和送风筒两部分组成。吸风筒的作用是将洁净空气送至分析小屋,一般用镀锌钢板制作,圆形风筒直径不小于 250 mm,方形风筒截面积不小于 300 mm×300 mm。空气应取自于无腐蚀性气体和毒气的非危险区域,风筒吸入端应带防雨罩、金属丝网(防鸟类或异物)和过滤器。

吸风筒的直径应限制空气流速不超过 15 m/s,风筒穿越危险区域时,应是密封无泄漏的。尽可能避免风筒穿越 1 区爆炸危险场所。

送风筒位于分析小屋内,空气进入室内后通过直形或环行风筒上的多个喷嘴从分析小屋顶部均匀向室内送风。

(2)防爆离心风机

采用两台防爆离心风机轮流工作,将空气加压送入分析小屋,供风量除应保证室内外压差不低于 25～50 Pa(2.5～5 mmH₂O)外,还应保证小屋内部空气置换次数为 5 次/h 以上。

(3)控制系统

简单的办法是采用压力调节风门(自重式百叶窗)。复杂的方案是采用微差压变送器检测室内外压差,通过一套控制装置调节风机转速,当小屋失压时发出报警信号。

5.5.3　正压通风系统的设计计算

(1)通风流量计算

按照有关标准规定,分析小屋的通风流量应保证小屋内部空气置换次数为 5 次/h 以上,或者说通风流量至少应保证小屋内空气置换速率为 5 次/h。(也有标准规定:小屋内部空气置换次数为 10 次/h 以上。)

这里应当注意,小屋内部的空气容量和空气置换量并不是一个概念,空气容量是指小屋内部的空气容纳量即其内部容积,而空气置换量是指将小屋内部的空气完全置换更新一遍所需要的空气量。

在进行分析小屋的空气置换时,可以把分析小屋看成是一个阻容环节,即一阶滞后环节,这是由于新进入的空气与小屋内部滞留的原有空气混合平均所造成的。而原有空气中可能含有分析仪系统的泄漏物,新鲜空气将原有空气逐步置换完毕需要一段时间,置换所需空气量远比小屋的空气容纳量要大。

按一阶滞后环节计算,置换完成至 95% 时所需空气量为小屋容积的 3 倍,置换完成至99% 时所需空气量为小屋容积的 5 倍,通常取小屋容积的 3 倍为置换一遍所需空气量。分析小屋的通风流量可按下式计算:

$$最小通风流量 \ = \ 小屋内部容积 ×3(倍)×5(次/h) \tag{5-1}$$

例如,一个内部尺寸 5 m(长)×2.5 m(宽)×2.5 m(高)的分析小屋,正压通风所需最小通风流量 Q_{min} 为

$$Q_{min} = 5 \ m×2.5 \ m×2.5 \ m ×3 ×5 =468.75 \ m^3/h$$

如果小屋内部空气置换次数按 10 次/h 计算,则

$$Q_{min} = 5 \ m×2.5 \ m×2.5 \ m ×3 ×10 =937.50 \ m^3/h$$

实际设计是可留一定余量,取 $Q = Q_{min}×(1.3～1.5)$。

(2)排风口开孔尺寸计算

排风口开孔尺寸可以通过下述办法计算,将所有排风口看作一块节流孔板,近似计算其总面积,孔板的流量(排放)系数为 0.61,按下式计算:

$$A = \frac{Q}{0.61\sqrt{2gh}} \tag{5-2}$$

可简化为

$$A = \frac{Q}{0.77\sqrt{p}} \tag{5-3}$$

式中　A——排风口的总面积，m^2；

　　　Q——正压通风的空气流量，m^3/s；

　　　g——重力加速度常数，$9.81\ \mathrm{m/s}^2$；

　　　h——小屋内需维持的正压压力，m Air；

　　　P——小屋内需维持的正压压力，Pa。

对于最小的 25 Pa 正压，式(5-3)可简化为

$$A = Q/3.85 \tag{5-4}$$

例如，对于上述分析小屋的通风流量，取

$$Q = Q_{\min} \times 1.3 = 937.5\ \mathrm{m}^3/\mathrm{h} \times 1.3 = 1\ 219\ \mathrm{m}^3/\mathrm{h} = 0.338\ 6\ \mathrm{m}^3/\mathrm{s}$$

则排风口的总面积为

$$A = Q \div 3.85 = 0.338\ 6 \div 3.85 = 0.088\ \mathrm{m}^2$$

考虑到分析小屋还有其他一些泄漏点（如门密封处、墙壁接缝处、管道和电缆入口处等），加之小屋内需维持的正压压力应为 25~50 Pa，实际设计时，可对计算所得的排风口总面积适当缩小，乘以修正系数 0.9~0.7。

5.5.4　HVAC 系统

HVAC 是英文 Heating,Ventilating and Air Conditioning System 的缩写，其含义是加热、通风和空气调节系统，实际上是具有正压通风和冷暖空调功能的一套设备。

HVAC 系统由 HVAC 机组、风筒组件和自重式百叶窗等部分组成。其中，HVAC 机组又由离心风机、冷暖空调和控制系统组成。夏季供凉风，冬季供暖风，供风量和供风温度由控制系统控制，可同时满足分析小屋正压通风和温度调节的要求。

有的分析仪系统集成商采用"空调器 + 离心风机"的方案，并把这种组合模式称为 HVAC 系统，这是一种错误的解释，实际运行中也是行不通的。夏季，离心风机鼓入的是由环境空气带来的热风，抵消了空调器的制冷作用；冬季，鼓入的是冷风，抵消了采暖装置的加热作用。这种方案把正压通风和温度控制分离开来，分别由两种设备执行，其结果是运行上互相矛盾，无法同时兼顾，而 HVAC 系统可将二者统一起来。

有关国内外标准规定，当分析小屋需要采取正压通风措施时，应采用 HVAC 系统。下面简要介绍 BHVAC 机组的性能、负荷计算和设计选型。

（1）BHVAC 系列防爆加热通风空调机组简介

BHVAC 系列防爆加热通风空调机组见图 5.2（其型号中的"B"表示"防爆"之意）。该机组是依据 GB 3836.10、GB 3836.14、GB/T 17758 等标准开发的产品，主要用于石油、化工等行业有易燃易爆气体并有正压通风和恒温控制要求的仪表控制室、实验室、计量室、分析小屋等场所，已在一些大型石化工程中成功应用。该机组经国家防爆电气产品质量监督检验中心检

测合格,取得了防爆合格证,整机防爆标志为 Exd Ⅱ BT4 或 Exd Ⅱ CT4,可直接用于 1 区爆炸危险场所。

图 5.2　BHVAC 机组外形图

（2）BHVAC 机组的组成

BHVAC 机组由以下部件组成:冷凝器、蒸发器、节流元件、压缩机、电（蒸汽）加热器、送风机、冷凝风机、电动调节阀、温度传感器、操作显示装置、电气控制箱、外壳（不锈钢板或镀锌钢板喷塑）等。其运行机理如下:

①制冷（热）

启动机组后,室内空气由回风口与新风口进来的新鲜空气混合后进入机组,经蒸发器（电或蒸汽加热器）冷却（加热）后,通过送风口进入室内,使室内的温度保持在设定值。

制冷（热）量是根据气候参数、分析小屋的围护结构（墙体的保温材料）、内部尺寸、新风换气次数、回风量及仪器仪表的发热量等进行计算的。

制冷系统采用国内外著名品牌的制冷元件组成,具有制冷快、节约能源、制冷性能稳定等特点,符合 GB/T 17758—2010《单元式空气调节机》的规定,满足恒定温度的要求。

制热系统有两种方式,一是采用全不锈钢翅片式电热管加热,表面温度采用温度传感器监控,通过双重措施使电热管达到 GB 3836.1—2000《爆炸性气体环境用电气设备 第 1 部分:通用要求》中规定的温度组别 T4 组（135 ℃）的要求。二是采用蒸汽翅片式换热器,使用防爆电动调节阀控制蒸汽流量,从而达到调节温度的目的。

②正压通风

正压通风系统由隔爆型离心风机（两台,一用一备）、新风防爆电动调节阀、室内送/回风手动调节阀、德国 Beck 差压开关等组成。室内正压按照国际标准 IEC 60079—13《爆炸性气体环境用电气设备 第 13 部分:正压房间或建筑物的结构和使用》（英文版）的规定,其值为

25 Pa,在设计时,考虑到泄漏等因素取值 25 Pa≤P<50 Pa。在使用中,当室内正压值超过设定值时,室内安装的自重式百叶窗或重锤式泄压阀(用户自备)打开,泄压至设定值再关闭;当室内短时失压(如开、关门),机组通过反馈信号,瞬时补充至设定的正压值。在大量失压的情况下(如门一直敞开、风机发生故障等),机组附带的差压开关将输出故障报警信号送至控制室,并在机组操作显示屏上显示,同时迅速启动备用风机进行补压。正压故障时所采取的各种保护措施见表 5.1。

表 5.1　正压故障时所采取的各种保护措施

房间内部的类别 (在无正压情况下)	安装的电器设备		
	适用于 1 区的设备	适用于 2 区的设备	对任何危险场所 均无保护的设备
1 区	无操作必要	合适的报警装置(声、光或二者兼备); 马上操作,恢复正压; 如果在延长了的时间内不能恢复正压或可燃性气体浓度上升到危险程度时,依次切断电源	合适的报警装置(声、光或二者兼备); 马上操作,恢复正压; 在规定的程序断电所需的延时时间范围内尽快自动切断电源
2 区	无操作必要	无操作必要	合适的报警装置(声、光或二者兼备); 马上操作,恢复正压; 如果在延长了的时间内不能恢复正压或可燃性气体浓度上升到危险程度时,依次切断电源

③控制系统

BHVAC 机组的控制系统由带有液晶显示屏的本安型 BRTU 防爆控制器和防爆电气控制箱组成,BRTU 防爆控制器置于分析小屋内,通过防爆数据总线和分析小屋外的机组主机相连,方便仪表人员进行操作控制。控制系统的主要功能如下:

分析小屋温度控制:由温度传感器检测室内温度,配合各种阀门进行 PID 控制。

分析小屋正压调节:通过差压开关检测室内外压差,调节供风流量和压力。

失压检测及报警:新风风道中安装流量开关,低流量时报警;每个门安装门位置开关,当门未关闭时,延时报警;当房间失压时能迅速启动备用风机补充室内压力。

(3)负荷计算

BHVAC 机组冷负荷计算由以下三部分构成:

①围护结构冷负荷(w):$QL_1 = KF\Delta t$。

②内部热源散热形成冷负荷(w):$QL_2 =$ 仪器功耗。

③新风负荷(w):$QL_3 = G_w(h_w - h_n)$。

其中,K 为传热系数,G_w 为新风质量流量,h_w、h_n 分别为新风处理前、后热焓值。

BHVAC 机组热负荷计算由以下三部分构成:

①围护结构热负荷(w):$QH_1 = KF\Delta t$。

②内部热源散热形成热负荷(w):QH_2＝仪器功耗(取负值)。

③新风热负荷(w):$QH_3 = G_w \Delta t C_P$。

其中,K 为传热系数,G_w 为新风质量流量,Δt 为冬季室内外最大温差,C_P 为空气的比热容比。

上述计算由 BHVAC 机组供货厂家进行,但用户应提供以下参数:

①分析小屋的围护结构、墙板材质、充填物厚度;

②分析小屋所处地的地理位置及气候条件;

③分析小屋的室内温、湿度参数要求;

④分析小屋室内的仪表、电器功率;

⑤换气及正压要求;

⑥空调加热方式选择:蒸汽或电加热管。

(4)选型设计

BHVAC 机组的主要技术参数见表 5.2。

表 5.2　BHVAC 机组主要技术参数

型号 性能参数		BHVAC-5	BHVAC-8	BHVAC-10	BHVAC-12	BHVAC-14
制冷量/kW		5.5	8	10	12	14
制热量/kW		4	4.8	7.2	10	12
送风量/($m^3 \cdot h^{-1}$)		1 100	1 450	2 340	2 481	2 652
全压/Pa		250	400	420	420	420
总输入功率/kW		6.6	8.22	11.2	14	17
电源		380 V,3 相 5 线,50 Hz				
机组噪声/dB(A)		57	61	62	62	62
制冷剂	种类	R22				
	注入量/kg	1.6	3.5	4.5	4.8	5
压缩机	类型	全封闭涡旋压缩机				
	功率/kW	1.8	2.5	3.1	3.4	4.3
新风量/($m^3 \cdot h^{-1}$)		190	300	345	400	500
型号 性能参数		BHVAC-16	BHVAC-18	BHVAC-20	BHVAC-24	BHVAC-28
制冷量/kW		16	18	20	24	28
制热量/kW		12.8	15	17	19.2	25
送风量/($m^3 \cdot h^{-1}$)		3 670	3 700	4 021	5 260	5 320
全压/Pa		450	450	450	500	500
总输入功率/kW		18.8	21	24	27.2	35

续表

性能参数　　型号	BHVAC-16	BHVAC-18	BHVAC-20	BHVAC-24	BHVAC-28
电源	380 V,3 相 5 线,50 Hz				
机组噪声/dB(A)	68	68	68	70	70
制冷剂　种类	R22				
制冷剂　注入量/kg	5.1	5.3	5.5	6	7.5
压缩机　类型	全封闭涡旋压缩机				
压缩机　功率/kW	4.9	5.3	5.8	7.0	9.1
新风量/(m³·h⁻¹)	648	750	850	1 080	1 200

注:①机组的制冷量及制热量、送风量等参数可根据用户提供参数作调整;

②加热形式根据用户要求,可制成蒸汽加热或电加热。

BHVAC 机组在不同地区的选型设计举例见表 5.3 和表 5.4。由表可见,同一型号的 BHVAC机组在不同地区使用时,其所适用的分析小屋尺寸有很大差别。

表5.3　制冷量 10 kW 的 BHVAC 机组在不同地区的选型设计举例

机组使用地区	适用的分析小屋尺寸		
	长 L/m	宽 W/m	高 H/m
东北哈尔滨地区	17	2.5	3.0
华东南京地区	9.5	2.5	3.0
南方广州地区	9.5	2.5	3.0

表5.4　制热量 7.2 kW 的 BHVAC 机组在不同地区的选型设计举例

机组使用地区	适用的分析小屋尺寸		
	长 L/m	宽 W/m	高 H/m
东北哈尔滨地区	5.9	2.5	3.0
华东南京地区	11.1	2.5	3.0
南方广州地区	17.5	2.5	3.0

5.6　分析小屋的安全检测报警系统

5.6.1　安全检测报警系统的组成

分析小屋的安全检测报警系统一般由下述部件组成:

①可燃气体检测器。宜选用检测探头和信号变送器一体化结构的产品,并带就地显示表

头和接点信号输出。

②有毒气体检测器。当样品中含有有毒组分时,需设有毒气体检测报警器,要求与可燃气体检测报警器相同。

③氧含量检测器。分析小屋内部空气中的氧含量低于正常值时(干空气氧含量为20.9%;25 ℃、相对湿度为50%时,氧含量约为20.6%),容易造成人员缺氧,呼吸困难、头痛、晕倒甚至死亡事故,应予以高度重视。要求与可燃气体检测报警器相同。

④火灾报警器。一般由烟雾传感器和温度传感器组成,其信号可接入全厂火灾报警系统,同时接入小屋就地报警系统。

⑤声光报警器件。指警笛、警灯(旋转闪光型),装在小屋外边。

⑥防爆报警控制箱。内装小型可编程序报警器(PLC),面板上设有各种指示灯和按钮。其作用是对安全检测报警系统进行控制,实现就地报警(小屋室内和室外)、控制室报警和联锁功能(如启动风机)。

防爆报警控制箱面板上的指示灯和按钮如下:

电源指示灯(白色)——表示报警系统处于上电状态;

安全状态指示灯(绿色)——表示分析小屋处于安全状态,无报警发生;

报警指示灯(黄色)——用于可燃气体、有毒气体、缺氧报警;

报警指示灯(红色)——用于火灾报警;

试验按钮——又叫试灯按钮,用于检查报警系统工作是否正常;

确认按钮——又叫消音按钮,维护人员按下该钮,通知控制室已经知道发生了报警,正在进行处理,同时停止警笛鸣响;

复位按钮——用于报警系统复位;

紧急报警按钮——维护人员在分析小屋内遇到危险情况时,按动该钮,报警求援。

5.6.2 检测器的安装位置和报警值的设定

(1)检测器的安装位置

可燃性气体检测器应安装在可能发生泄漏部位的附近,当可燃性气体比空气轻时,安装在小屋上部距顶棚0.2 m处;当可燃性气体比空气重时,安装在小屋下部距地板0.3 m处。安装位置应避免设在通风口附近或小屋内的死角处,并避开空气流动通道。

有毒气体检测器和缺氧检测器一般应设于小屋内1.5 m高度处(人的呼吸高度)。

(2)报警值的设定

①可燃性气体的报警设定值

根据GB 50493—2009《石油化工可燃气体和有毒气体检测报警设计规范》,可燃气体的一级报警设定值小于或等于25%爆炸下限;可燃气体的二级报警设定值小于或等于50%爆炸下限。

②有毒性气体的报警设定值

根据GB 50493—2009,有毒气体的报警设定值宜小于或等于100%最高容许浓度/短时间接触容许浓度,当试验用标准气调制困难时,报警设定值可为200%最高容许浓度/短时间接触容许浓度以下。当现有检(探)测器的测量范围不能满足测量要求时,有毒气体的测量范围可为0~30%直接致害浓度;有毒气体的二级报警设定值不得超过10%直接致害浓度值。

③缺氧的报警设定值

当小屋内空气中氧含量降至18%时报警。

5.6.3　危险区域的界定和电气防爆要求

(1)分析小屋危险区域的界定和电气防爆要求

根据国内外有关标准和实际经验,对分析小屋内、外危险区域的界定和电气防爆要求可归纳如下:

分析小屋外部:危险等级与小屋所处区域的危险等级相同,可据此确定安装在小屋外部的电气设备和仪表的防爆等级要求。

分析小屋内部:当小屋采取了自然通风(在 2 区)和正压通风(在 1 区)措施时,小屋内部的区域危险等级为 2 区(即使外部环境为 1 区)。安装在小屋内部的电气设备和仪表的防爆等级可按如下原则确定:

①一般可按 Ex Ⅱ B 或 Class 1,Division 2,Group B、C、D 考虑;

②如果采用 H_2 作载气或分析对象中有 H_2 存在,则分析小屋内靠近顶棚处的电气设备防爆等级应按 Ex Ⅱ C 或 Class 1,Division 2,Group B(氢气)要求(理由见下面一段);

③如果分析对象中有乙炔存在,则分析小屋内电气设备和仪表的防爆等级均应按 Ex Ⅱ C 或 Class 1,Division 2,Group A(乙炔)要求;

④至于电器设备和仪表的表面温度组别,则按可能出现气体组分的引燃温度组别确定,一般为 T3 或 T4。

根据《石油化工在线分析仪系统设计规范》(SH/T 3174—2013),样品含可燃性气体时,分析小屋内的分析仪和电气设备应按 1 区爆炸危险场所设计。

(2)采用 H_2 作载气时的电气防爆要求

众所周知,在数量庞大的分析化验室中大多配有实验室气相色谱仪,气相色谱仪几乎都用 H_2 作载气(或燃烧气),如果按照上述意见,这些化验室中的仪器设备都应是 ExI Ⅱ IC 防爆等级的,否则便不能进行分析,这显然不符合实际情况。事实上,这些化验室中的分析仪器和电气设备都是非防爆的,其安全操作规程规定进行分析时保持通风良好即可。

对于现场分析小屋来讲,可对其防爆要求作如下具体分析:

①氢气钢瓶属于压力容器,经过严格试压试漏,不会发生泄漏,不属于泄漏源。氢气管线上的阀门、接头也经过严格试压试漏,当然不排除有偶尔发生泄漏的可能,但泄漏量是十分微小的,不能将其和工业装置氢气管道上的阀门、压缩机、泵等同对待,看成足以形成爆炸危险区域的泄漏源。

②即使 H_2 载气管线上的阀门、接头偶尔发生泄漏,由于 H_2 的比重仅为 0.07,比空气轻得多,泄漏出的少量 H_2 迅速垂直向上扩散,不会在分析小屋外与空气充分混合后形成爆炸性气体混合物(H_2 的爆炸下限为 4%)并滞留在分析小屋附近。

③同样,在分析小屋内部,除小屋顶棚外的其余空间也不可能发生上述情况,只有在小屋顶棚附近的有限空间内可能出现 H_2 滞留并形成爆炸性气体混合物的风险。由于分析小屋采取了通风和可燃气体检测报警措施,即使出现 H_2 积聚,也不会持久或扩散至小屋中下部。

④发生爆炸的充分必要条件是:易燃气体、易燃气体与空气混合形成爆炸浓度、点火源,三

者缺一不可。既然小屋外部和小屋内顶棚以下部分不可能形成氢气爆炸性混合物,也就不能把这些部位作为氢气爆炸性危险场所对待。

根据以上分析,分析小屋内靠近顶棚处的电气防爆等级应按 Ex ⅡC 要求,而小屋下部和小屋外部采用 Ex ⅡB 等级的电气设备即可,没有必要全部采用 Ex ⅡC 等级的电气设备。

如果分析对象中有 H_2 存在,意见同上。

(3)现场分析小屋内能否安装非防爆型仪表

根据工程设备和材料用户协会标准 EEMUA No.138"在线分析仪系统的设计和安装",在强制通风的分析小屋内,可以安装非防爆型仪表,但必须符合以下两个条件:

①小屋内采取了正压通风措施,通风空气取自安全区域。

②小屋内有安全检测报警和联锁系统,当发生下述情况时,自动切断非防爆型仪表的电源。

a. 正压通风系统工作不正常或出现通风故障,造成小屋内正压低于 25 Pa、通风量不足(未达到 10 次/h 空气置换量)或通风中断。

b. 小屋内可燃性气体浓度达到报警设定值 25% LEL。

我国现行标准中对此尚未作出规定,因此在危险区域的分析小屋内,不能安装非防爆型仪表。如确需安装非防爆型仪表,可在分析小屋内加装正压防爆型仪表柜,将分析仪装在柜内,通仪表空气吹扫并维持正压,当吹扫故障或打开柜门时,自动断电。

(4)对有毒样品进行分析时应采取的措施

当样品中含有毒气体组分时,必须采取以下措施:

①样品处理箱和标气(液)瓶应装在小屋外面,其传送管线严格密封,谨防泄漏;

②对样品系统应设吹扫,吹扫时需格外小心;

③应在适当位置设警示标识;

④小屋内需设有毒气体检测报警器,并保持良好通风。

5.6.4 分析小屋安全检测报警系统的设计

目前,国内工程设计标准和规范中,对分析小屋安全检测报警系统的设计尚无具体规定,涉及这方面内容的国际标准主要有以下几项:

①IEC 60079—16《分析仪小屋的人工通风保护》。

②EEMUA No.138《在线分析仪系统的设计和安装》。

③IEC/TR 61831:1999《在线分析仪系统设计和安装指南》。

④IEC 61258:2004《工业过程控制:分析仪小屋的安全》。

由于各个分析小屋所在地点的区域危险等级不同,所分析的样品组成、含量和危险程度不同,分析小屋内安装的分析仪器、电气设备的防爆性能和等级不完全一致,加之不同地区(如欧洲和北美)和国家防爆标准及安全防护要求上的差异,国外工程公司的设计方案差别较大,有的较为复杂,有的相对简单,并无统一的模式。

国外某化学工程公司为我国一套乙炔生产装置设计了一套分析小屋安全检测报警系统的方案。由于所分析的样品中含有氢气、乙炔等易燃易爆气体,并含一氧化碳有毒成分,因而对分析小屋保安系统的要求十分严格,系统配置也比较齐全。下面对该方案做一些介绍。

①1号分析小屋(以下简称AH1)的外形尺寸为:9 000 mm(L) × 3 500 mm(W) × 3 000 mm (H),小屋内共安装了14台在线分析仪器,其中包括气相色谱仪2台、红外分析仪6台、氧分析仪6台,配备了一套HVAC系统。

②AH 1所在区域的危险等级为2区,分析小屋内部的区域划分、气体组别和引燃温度组别分别为Zone 2/ⅡC /T3,安装在分析小屋内的分析仪器和电气设备,其防爆型式、级别和最高表面温度均应符合这一要求。但HVAC机组(安装在分析小屋外)的防爆性能,特别是风机马达和电加热器部件,应按适用于Zone 1、ⅡC、T3要求考虑。

③该项目对正压通风的要求如下:

a. 分析小屋内的空气流动应能保证将可能泄露的可燃性气体浓度稀释至7% LEL以下,有毒气体浓度稀释至最高允许浓度(MAC)以下。

b. 维持小屋内的正压不低于25 Pa(与周围环境空气压力相比)。

c. 通风流量要求:至少应保证每小时小屋内的空气置换更新5次,即每小时的供风量至少应为小屋容积的20倍。也可按小屋内安装的分析仪数量计算每小时所需供风量,计算公式: 30 m³/(小时·台) × 安装台数,供风量不得低于计算值。

d. 应在每个风机马达通路中设置流量开关,用于供风流量低报警,报警设定值为正常供风流量的80% (供风流量低可能由风机马达故障引起,也可能由风道堵塞不畅引起)。

e. HVAC机组的供风来源不得取自1区。

f. 小屋内的温度设定值为(24 ±3) ℃下,最高不得超过40 ℃。

④AH 1内安装了4台可燃气体检测器,主要用于检测H_2的含量;4台有毒气体检测器,用于检测CO含量;2台氧检测器,用于缺氧报警。上述检测器安装时应预留出标定设备的接入位置。

这些检测器的输出信号分别送至控制室DCS、报警器盘(位于小屋外)和报警联锁控制系统(装在报警器盘内)。

设计要求下述公共报警信号需送往控制室:

a. "小屋安全"报警信号,包括小屋内部正压低;可燃气体浓度报警;有毒气体浓度报警;缺氧报警。

b. "设备故障"报警信号,包括正压通风流量低(风机故障);小屋内的温度高或低(空调故障);电源故障(包括每个配电盘);样品回收系统液位高或低(如果有储液罐)。

⑤小屋内、外主门上方各安装一个警灯和一个警笛。报警时警灯闪光,警笛鸣响;报警确认后,警笛消音,警灯由闪光转为平光,直至报警条件解除时熄灭。

⑥报警接点应是常开(干接点)故障安全型的,即在非激励(失电)时接点断开,发出报警信号,而在正常情况下通电激励,接点是闭合的。当电源故障时,这种接点也会断开,提醒操作人员报警系统供电中断,需及时检修。

5.6.5　仪表设备外壳防护等级的选择

对安装在分析小屋外的仪表设备,其防护等级要求一般如下:

①露天安装:IP 55或NEMA 4X。

②带防雨遮沿时:IP 54或NEMA 4X。

对安装在现场分析小屋内的分析仪和设备,其防护等级要求一般如下:

①垂直方向有倾斜面:IP 52 或 NEMA 12。

②垂直方向无倾斜面:IP 51 或 NEMA 12。

我国发布的《石油化工在线分析仪系统设计规范》(SH/T3174—2013)规定:"室外安装的电气设备防护等级不宜低于 GB 4208《外壳防护等级》规定 IP 65,非电气设备的防护等级不宜低于 IP 55。"

5.7　分析仪系统的安装

5.7.1　分析仪的安装要求

在线分析仪器的安装方式有壁挂式、落地式、架装或保护箱安装等,应按仪表说明书的要求进行安装,注意留有维修空间和操作通道。壁挂式安装支撑材料宜采用镀锌碳钢或不锈钢横、竖滑架,可灵活可靠地满足分析仪的安装要求。

安装位置及其附近应无振动源、过热源和电磁干扰源,否则要采取防震、隔热和抗电磁干扰措施。

分析仪的配管较为复杂,以过程色谱仪为例,包括样品、载气、标气、燃烧气(H_2)、助燃气、仪表空气和伴热蒸汽等管线,其样品管线又分为进样、快速回路、分析回路、排火炬和放空等。其他分析仪还可能有氮气(吹扫用)和冷却水(样品处理用)管线等。应按布局合理、横平竖直、整齐美观、配件统一、操作和维修方便的要求加以组配安装。

5.7.2　气路管线的配管和管路敷设

(1)样品气、载气和标准气管线

①样品气、载气和标准气管线采用 1/4,3/8,1/8 inTube 管,双卡套接头连接,材质为 316SS。

②进入分析小屋的管线均应在小屋外的入口附近加装截止阀,以便小屋内出现危险情况时可从外部加以关断。

③穿墙进出小屋时应通过穿板接头。

④危险介质(如样品气、载气和燃烧气等)应在其入口管线上加装限流阀或限流孔板,限制进入小屋的流量(最高不超过正常需要量的 3 倍)。

⑤分析后样品经集气管(管径一般为 3/2 in)缓冲后放空,快速回路和旁通样品汇总后排火炬或送工艺排放罐。

(2)仪表空气管线

①外部供气管线一般采用 1/2 in 镀锌钢管,进入小屋前应通过截止阀和过滤减压装置,过滤器和减压阀应配备两套,并联安装,一用一备,以利维修和清洗。穿墙进入小屋时应加装密封圈进行室内外密封隔离。

②仪表空气进入小屋后应通过供气总管分配至用气设备,总管应有足够容积(管径一般

为 1 in),防止压力波动影响分析仪正常运行。如果小屋用气设备较多,应加设储气罐,储气罐一般应装在小屋外。

③供气总管应优先采用 304 不锈钢管,也可采用镀锌钢管。总管与外部供气管线的连接用法兰连接方式。

④供气总管应架空水平敷设,并保持一定倾斜度(斜向总管末端),以利排污。总管末端出口处应用盲板封住,而不能焊死。

⑤在总管取气时,取源部件应位于水平总管顶部,经过倒 U 形弯引下来,每条支管均应安装截止阀,以保证某台用气设备故障或正常吹扫维护时的隔离。

⑥供气支管可选用 304 Tube 管,管径不小于 3/8 in。

(3)氮气管线

工厂氮气一般用于分析仪和样品系统吹扫,配管要求与仪表空气管线相同。

(4)低压蒸汽管线

低压蒸汽用于样品伴热保温和小屋内部加热,前者管材一般为 1/2 in OD Tube 不锈钢管,后者可选用 3/4 in 镀锌钢管。

进入小屋前应安装截止阀和减压/稳压阀,与外部供气管线的连接采用法兰连接方式,穿墙时应加装密封圈进行室内外密封隔离。

5.7.3　电源线、信号线的配线和线路敷设

(1)电源线

采用阻燃型铜芯绝缘电线,线芯截面积:分析仪供电大于 2.5 mm^2,公用设备供电大于 3.5 mm^2。

(2)信号线的配线

优先采用铜芯多股绞合聚乙烯绝缘、聚氯乙烯护套、阻燃型多芯软电缆,其屏蔽方式为铜带绕包对屏,铜线编织总屏。线芯截面积一般为:

4 ~ 20 mA 信号线:0.75 mm^2;

接点信号线:1.0 mm^2;

通信电缆应根据分析仪要求选配,一般为 2.5 mm^2 对绞线(或同轴电缆、光纤电缆)。

不同电平等级和不同类型的信号线应经过各自的接线箱转接,不得混杂在一个接线箱内。特别注意 4 ~ 20 mA 本安信号线和非本安信号线不得混杂在一个箱内接线。信号接线箱应留出至少 15% 的备用端子。

(3)线路敷设

从室外接线箱进入小屋的电缆宜采用保护管敷设方式,保护管穿墙时,应加装密封圈进行室内外密封隔离。

电源线和信号线应分别进线,分开敷设。本安和非本安信号线也应分别进线,分开敷设。在分析小屋内,电源线应穿保护管敷设。信号线可穿管敷设,也可采用桥架 + 汇线槽方式敷设。

5.7.4　分析仪系统的接地

分析仪的工作接地和屏蔽接地一般位于控制室侧,分析小屋的接地主要指安全接地。分

析仪、用电设备、接线箱、配电箱、穿线管、桥架、汇线槽、预处理箱、小屋本体(包括门)等,均应作保护接地,经接地支线、汇流排接入电气专业接地网,接地电阻应为 $4 \sim 10\ \Omega$。

接地支线采用绿、黄相间标记的铜芯绝缘多股软线,线芯截面积一般为 $2.5 \sim 4\ mm^2$。接地干线采用铜芯绝缘电线,线芯截面积一般为 $16 \sim 25\ mm^2$。

分析仪安装完毕后,应检查电源相、中、地线连接的正确性。电源电压必须与仪器要求相符,供电电源必须是相、中、地三线制,否则仪器可能会产生漏电,而且容易导致仪器温度控制部分故障。

使用中不得以任何方式断开仪器内外的保护接地线(黄绿线),否则仪器可能带电,导致触电。只有在仪器正确接地之后才能启动仪器。

5.7.5 防雷和过电压保护

(1)过压保护器的使用

如果仪器的供电电压不稳定,或仪器安装在气候潮湿、多雷雨的地方,建议在仪器供电线路中加装过压保护器,如图 5.3 所示。

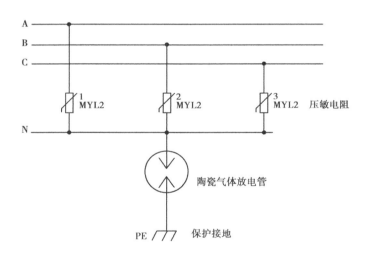

图 5.3 仪器供电线路中的过压保护器

该套保护器的作用是过压保护、三相平衡和防雷保护。

图 5.3 中的 A、B、C 为三相电源,N 线为中线(零线),PE 为保护地,MYL2 为防雷击压敏电阻。在供电线路中瞬间流过很大电流时,瞬间过电压大部分降落在压敏电阻上,而用电被保护电器得到的电压在其耐压之下,因而能起到保护作用。其广泛应用于各类电源系统的雷电过电压保护或操作过电压保护,是一种并联型保护器件,可以对线路进行纵横向防护。气体放电管是一种开关型保护器件,当两极间电压足够大时,极间间隙将放电击穿,由原来的绝缘状态转化为导电状态,类似短路。导电状态下两极间维持的电压很低,一般为 $20 \sim 50\ V$,因此可以起到保护后级电路的效果。二者组合使用,既可保护线(相)过压,也可防护雷击。

过压保护器通常应与配电装置配合安装。保护器应远离仪器安装,可使仪器免于受损,因为当保护器不能承受雷电巨能时,可能会爆裂。此外,引入电源时要考虑三相的平衡,即使用上面所说的保护器。

（2）继电器的输出保护

仪器的开关量输出往往采用电磁继电器方式，当所连接的设备具有感性负载特性时（如电磁阀），可考虑在被连接负载的两端并联一个压敏电阻或 TVS 器件，以消除开关时可能产生的较大的反电势干扰，如图 5.4 所示。

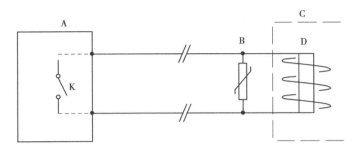

图 5.4　输出开关负载的保护

A—D 型 25 孔插座；K—继电器开关；B—压敏电阻；C—电磁阀等；D—负载线圈

5.7.6　分析小屋和分析仪系统的标识

分析小屋和分析仪系统应按如下要求进行标识：

①每个分析小屋都应在主门上方设单独的不锈钢铭牌，标明小屋编号和其中分析仪的位号。

②每台分析仪应有一个单独的铭牌，标明其位号和用途，分析仪的主要部件也应标注制造厂名称、型号和系列号，以便辨识。

③每个样品处理箱应有一个单独的铭牌，标明其相对应的分析仪位号和流路识别号，箱内部件标识要求见样品处理系统的安装要求。

④管线进出小屋的穿板接头处，进出分析仪和样品处理箱的接管口处，均应标明其流路号或介质名称，并应标注流动方向。

⑤主要电气设备、每个接线箱、配电箱均应有单独的铭牌，标明其编号和/或用途。电线、电缆应打印线号，接线端子应加识别标记。

⑥高温高压源、有毒或窒息性气体应有警告牌。

⑦室外铭牌应采用不锈钢，一般用途刻蚀黑字，示警用途刻蚀红字，用铆接方式固定。

⑧室内铭牌可采用层压塑料，一般用途白底黑字，示警用途红底白字，用不锈钢螺丝固定。主要仪表、设备应采用不锈钢铭牌。

5.8　分析小屋图片示例

图 5.5—图 5.11 是在不同的生产装置中设置的分析小屋示例图片。

图 5.5　丁基橡胶生产装置分析小屋

图 5.6　丁二烯抽提装置分析小屋

图 5.7　乙烯生产装置分析小屋

图 5.8　乙烯生产装置组合式分析小屋

乙烯装置组合式分析小屋包括分析小屋和样品处理间,二者组合成一体。

图 5.9　乙烯生产装置组合式分析小屋内景图

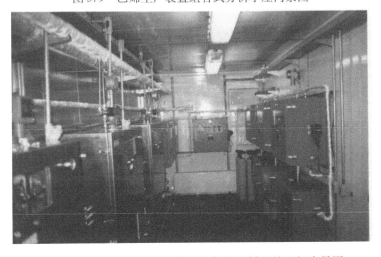

图 5.10　乙烯生产装置组合式分析小屋样品处理间内景图

图 5.11　化肥生产装置分析小屋内景图

思考题

5.1 什么是分析仪的遮蔽物？分析仪的遮蔽物有哪几种类型？

5.2 什么是分析小屋？它有何优缺点？

5.3 分析小屋的外部设施有哪些？

5.4 分析小屋的配电应如何进行？有什么要求？

5.5 分析小屋的电气设备和仪表各应由何种电源供电？

5.6 分析小屋的通风、采暖和空调系统如何设置？有什么要求？

5.7 什么是正压通风？何种场合应采取正压通风措施？

5.8 分析小屋的安全检测报警系统由哪些部件组成？

5.9 可燃气体、有毒气体、缺氧检测器应安装在分析小屋内的什么位置？

5.10 现场分析小屋内能不能安装非防爆型仪表？

5.11 对样品、载气、标气管线的配管和管路敷设有何要求？

5.12 对仪表空气管线的配管和管路敷设有何要求？

第 **6** 章
在线分析系统工程文件和图纸

6.1 在线分析系统工程文件和图纸

6.1.1 在线分析系统工程的主要内容

在线分析系统工程是指在线分析仪系统成套和交钥匙工程。目前,在线分析系统工程的通行做法是将分析仪、样品系统和分析小屋集成,通过招评标确定系统集成商总承包。在线分析系统工程的主要内容如下:

①在线分析系统的总体设计。

②在线分析仪的选型和采购。

③取样和样品处理系统的设计。

④金属结构整体搬运式分析小屋的制作。

⑤分析仪和样品系统的安装与配管配线。

⑥载气、标准气体的提供。

⑦整套系统出厂前的检验测试(FAT)。

⑧整套系统的包装发运和现场安装指导。

⑨现场检验测试(SAT)与开车投运。

⑩用户技术培训和售后技术支持。

6.1.2 询价、报价技术规格书和商务合同的技术附件

询价、报价技术规格书和商务合同技术附件主要内容如下:

①总说明。

②供货范围和工作范围。阐明卖方供货清单和技术服务内容,买卖双方的责任范围和分工。

③标准和规范。在线分析系统工程应遵循的国家、国际标准和有关规定。

④基础设计数据。包括工作现场气候条件、区域危险等级和公用工程条件等。

⑤在线分析仪表技术规格书。包括工艺条件及分析数据表等。

⑥样品处理系统技术规格书。包括样品系统流路图等。

⑦现场分析小屋技术规格书。包括小屋内部布置图等。

⑧分析仪和设备的安装。安装材料和安装施工要求。

⑨标记。对整套系统及有关部件、管线、端子的铭牌、标识作出规定。

⑩涂漆。对设备表面色泽色标及涂漆工艺作出规定。

⑪开工会议。对开工会议时间、地点、参加人员、内容及文件等作出规定。

⑫检验和测试。对 FAT 和 SAT 作出要求和规定。（包括时间、地点、参加人员、测试内容、验收指标和测试程序等。）

⑬货物包装和运输要求。

⑭文件。对卖方应提交的文件、图纸的种类、内容、数量、格式和交付日期作出规定。

⑮质量保证。包括对操作人员健康和安全的保证。

⑯技术服务。包括人员培训、安装指导、现场调试、开车配合、质保期内的维修服务等。

⑰工程进度表。

⑱专用工具和备件清单。

6.1.3　工程文件和图纸

在线分析仪系统的工程文件和图纸目录见表6.1。

表6.1　在线分析仪系统的工程文件和图纸目录

序号	标题	尺寸	电子文件 （推荐）	备注
1	分析仪系统概述	A4	MS Word	
2	分析仪数据表	A4	Auto CAD	
3	分析小屋布置图	A3	Auto CAD	包括平面布置图、内外墙8个面的视图
4	分析小屋制造详图	A3	Auto CAD	
5	分析小屋底座详图	A3	Auto CAD	
6	取样探头制造详图	A3	Auto CAD	
7	样品系统图	A3	Auto CAD	包括取样探头、样品传输管线、样品处理系统、样品排放管线、标定系统等
8	电气系统图	A3	Auto CAD	包括电气设备和线路走向
9	公用工程流路图	A3	Auto CAD	包括配电、照明、通风、采暖、空调等
10	接线图	A3	Auto CAD	包括电源线、信号线、通信总线、接地线、分析仪系统和分析小屋的外部接线等
11	接管图	A3	Auto CAD	包括样品、标气、载气、仪表空气、伴热蒸汽管线或电伴热管线等

序号	标题	尺寸	电子文件（推荐）	备注
12	安全检测报警系统逻辑图	A4	MS Visio	
13	安全检测报警系统功能说明	A4	MS Word	
14	分析仪技术规格书和图纸	A4	供货商标准	
15	分析仪安装、操作、维护手册	A4	供货商标准	
16	部件和材料清单	A4	供货商标准	
17	HVAC 系统设计计算书	A4	MS Excel	
18	样品系统传送滞后时间计算书	A4	MS Excel	

6.2　工程文件和图纸示例

本节以某大型石油化工装置在线分析仪系统为例,介绍商务合同的技术附件、工程文件及图纸,供参考。

6.2.1　商务合同技术附件示例

××××装置在线分析仪系统技术附件
Technical Specification of Process Analyzer System
for × × × × Plant
目录
Contents

1.0 总说明　　　　　　　　　　General

2.0 标准和规范　　　　　　　　Codes and Standards

3.0 基础设计数据　　　　　　　Basic Design Data

4.0 供货范围和工作范围　　　　Scope of Supply and Work

　4.1 供货范围　　　　　　　　Scope of Supply

　4.2 工作范围　　　　　　　　Scope of Work

5.0 分析仪　　　　　　　　　　Analyzer

　5.1 气相色谱仪　　　　　　　Process Gas Chromatograph

　5.2 色谱仪总线和工作站　　　Chromatograph Bus and Workstation

　5.3 红外分析仪　　　　　　　Infrared Analyzer

5.4 氧分析仪　　　　　　　　　　Oxygen Analyzer

5.5 分析仪备件　　　　　　　　　Spare Parts for Analyzer

6.0 样品系统　　　　　　　　　　Sample System

6.1 取样探头组件　　　　　　　　Sampling Probe Assembly

6.2 减压站　　　　　　　　　　　Pressure Reducing Station

6.3 快速回路和流路切换单元　　　Fast Loop and Stream Selector Unit

6.4 红外和氧分析仪现场机柜　　　Self Standing Cabinet for Infrared and Oxygen Analyzer

6.5 样品处理系统部件生产厂　　　Manufactures of The Components of Sample Conditioning System

6.6 样品处理箱　　　　　　　　　Sample Conditioner Cabinet

6.7 电伴热管缆　　　　　　　　　Electric Trace Tubing Cable

7.0 分析小屋　　　　　　　　　　Analyzer House

7.1 结构　　　　　　　　　　　　Construction

7.2 公用工程　　　　　　　　　　Utility

7.3 HVAC 系统　　　　　　　　　HVAC System

7.4 安全检测报警系统　　　　　　Safety Monitoring and Alarm System

7.5 配管、配线　　　　　　　　　Tubing，Piping and Wiring

7.6 标识　　　　　　　　　　　　Labeling

8.0 辅助气体和附属件　　　　　　Auxiliary Gas and Accessories

8.1 载气　　　　　　　　　　　　Carrier Gas

8.2 标准气体　　　　　　　　　　Calibration Gas

8.3 附属件　　　　　　　　　　　Accessories

9.0 工厂验收测试（FAT）　　　　 Factory Acceptance Test
　　 及现场验收测试（SAT）　　　and Site Acceptance Test

10.0 　质量保证　　　　　　　　　Quality Guarantee

11.0 　技术服务　　　　　　　　　Technical Service

12.0 　文件资料　　　　　　　　　Documentation

1.0 总说明　General

本技术附件是依据××工程公司或××设计院询价规格书的要求编制的,工程项目:×××装置在线分析仪系统。

本技术附件说明了此工程项目中在线分析成套系统的技术方案,卖方保证严格遵照询价文件的要求,所提供的在线分析成套系统完全满足询价技术规格和环境条件,并保证系统的完整性及合理性。

2.0 标准和规范　Codes and Standards

卖方所提供的分析仪系统,包括设计、制作和安装及有关技术文件,遵循下述标准和规范:

GB 3836　爆炸性气体环境用电气设备 Electrical apparatus for explosive gas atmospheres

GB 50058　爆炸危险环境电力装置设计规范 Code for design electrical installations of in explosive atmospheres and fire hazard

GB 50093　自动化仪表工程施工及验收规范 Code for construction and acceptance of automation instrumentation engineering

GB/T 7353　工业自动化仪表盘、柜、台、箱 Panel, cabinet, console and case for industrial process measurement and control equipment

HG/T 20636~20639　化工装置自控工程设计规定 Engineering code for instrumentation in chemical plant

HG/T 20505　过程测量与控制仪表的功能标志及图形符号 Functional identification and symbols for process measuring and controlling instrumentation

EEMUA No.138　在线分析仪系统的设计和安装 Design and installation of on-line analyzer system

IEC 60079　爆炸性气体环境用电气设备 Electrical apparatus for explosive gas atmospheres

IEC 60529　外壳防护等级（IP 代码）Degree of protection provided by enclosures（IP codes）

IEC 60364　设备安全间隔 Equipment safe separation

IEC 61000　电磁兼容性 Electromagnetic compatibility

IEC 60297　机械结构盘、箱尺寸 Dimension of mechanical structure panel and cabinets

NFPA No.70　美国国家电气规程 National electrical code

NFPA No.496　电气设备的外壳吹扫 Purged enclosures for electrical equipment

ISA S5.1　仪表符号和标志 Instrumentation symbols and identification

API RP 520-55-527　炼油厂安全泄压系统设计和安装推荐实例 Recommended practice for the design and installation of pressure relieving system in refineries

API RP550 Part Ⅱ　过程分析仪表 Process analyzers

ASME/ANSI B1.20.1　NPT 锥管螺纹，通用型 Pipe threads（NPT）for general purpose

ASME/ANSI B16.5　管法兰和法兰连接件 Pipe flanges and flanged fittings

BS5308　仪表电缆 Instrumentation cables

3.0 基础设计数据　Basic Design Data

3.1 危险区域等级　Hazardous Area Classification

分析小屋外 Outside analyzer house：Zone 2 ⅡBT3

分析小屋内 Inside analyzer house：Zone 1 ⅡBT3

3.2 现场气候条件　Site Ambient Conditions

环境温度 Ambient temperature：-26 ℃（min）　28 ℃（max）

相对湿度 Relative humidity：44%（min）　84%（max）

3.3 公用工程条件　Utilities

UPS 电源：220（1±0.05）VAC，50（1±0.005）Hz（分析仪和安保系统供电）

工业电源：220（1±0.1）VAC，50 Hz（照明、维修插座等供电）

HVAC 电源:380(1 ± 0.5) VAC,50 Hz

电伴热电源:220(1 ± 0.5) VAC,50 Hz

仪表空气:≥0.4 MPa(G)

公用工程消耗量、外部连接尺寸等。

4.0 供货范围和工作范围 Scope of Supply and Work

4.1 供货范围 Scope of Supply

4.1.1 分析仪 Analyzer

a. 气相色谱仪 Process gas chromatograph:6 台

  位号 Tags No. : AT-2001　　AT-3001　　AT-3301

　　　　　　　　AT-4001　　AT－4002　　AT-4301

b. 红外分析仪 Infrared analyzer:3 台

  位号 Tags No. : AT-5301　　AT-7502　　AT-8002

c. 氧分析仪 Oxygen analyzer:3 台

  位号 Tags No. : AT-7501　　　AT-7503　　　AT-8001

d. 分析仪备件 Spare parts for analyzer

  开车备件(见××页)　Commissioning spare parts(see page × ×)

  两年备件(见××页)　Operating spare parts for 2 years(see page × ×)

e. 色谱仪总线和工作站 Chromatograph bus and workstation

  同轴电缆　Coaxial cable: × × m

  双绞线电缆 Twisted-pair cable: × × m

  路由器 VN Router:2 台

  以太网交换机 Ethernet switch:2 台

  网关 Gateway:1 个

  PC 机 Personal computer:1 台

  打印机 Printer:1 台

  工作站软件 Workstation software:1 套

  通信系统柜 Communication system cabinet:1 个

  800 mm(W) × 800 mm(D) × 2 000 mm(H)

4.1.2 样品系统 Sample System

a. 取样探头组件 Sampling probe assembly:21 个

b. A 型减压站 Pressure reducing station "A" type:9 个

c. B 型减压站 Pressure reducing station "B" type:5 个

d. 快速回路和流路切换单元 Fast loop and stream selector units:6 个

e. 电伴热组合管缆 Electric traced tubing Cable:1 020 m

f. 红外和氧分析仪样品处理系统和机柜 Sample Conditioning System and Cabinet for Infra-red and oxygen Analyzers:6 套

4.1.3 分析小屋　Analyzer House:1 个

由分析仪小屋和样品处理间组成,包括配电、照明、HVAC 系统、安全监测报警系统、配管、配线等。

4.1.4 载气和辅助气体　Carries gas and Auxiliary Gas Accessories:26 瓶

4.1.5 文件、图纸(见××页)　Documents and Drawings(see page××)

4.2 工作范围　Scope of Work

a. 分析仪系统的详细设计和说明

b. 参加开工会(KOM)并提供开工会所需的有关文件

c. 根据买方要求参加厂商协调会(VCM)

d. 工厂验收测试(FAT)

e. 现场验收测试(SAT)

f. 现场安装指导及检查

g. 开车投运

h. 操作和维护培训

5.0 分析仪　Analyzer

(介绍分析仪的类型、数量、型号规格、生产厂家、性能指标和备品备件清单,略。)

6.0 样品系统　Sample System

(6.1~6.4 分别介绍取样探头组件、样品处理系统、快速回路和流路切换单元、红外和氧分析仪现场机柜,并给出有关图纸,略。)

6.5 样品处理系统部件生产厂家　Manufacturers of the components of sample conditioning system

部件名称 Component	材料 Material	生产厂家 Manufacturer
管子(Tube)	316 SS	进口 Importation
管接头(Union and Connector)	316 SS	Swagelok ,Parker
阀门 (Valve)	316 SS	Swagelok ,Parker
减压阀(Pressure regulator)	316 SS	Go , Tescom
过滤器(Filter)	316 SS	Balston , M&C
流量计(Flowmeter)	玻璃或 316SS	KROHHE
压力表(Pressure gauge)	316 SS	国产 made in China
隔膜泵(Diaphragm pump)	316 SS,Ex	M&C , Milton Roy
压缩机气体冷却器 (Compressor gas cooler)	Ex	M&C
电加热器(带温控) (Electrical heater with thermostat)	Ex	Unitherm , Thermon
电伴热管缆(Electric trace tubing)	316 SS,Ex	Unitherm , Thermon

6.6 样品处理器箱　Sample Conditioner Cabinet

样品处理箱用 2 mm 厚的不锈钢板(或镀锌钢板)焊接而成,箱子正面有一个可锁闭的门。门的边缘镶嵌密封条,箱子的外壳防护等级为 IP55。

箱子内部装有防爆型电加热器和温度控制器,保持箱内温度为(40 ± 3)℃。箱子带有 25 mm 厚的阻燃型保温层。

样品处理系统部件均安装在箱内一块 3 mm 厚的不锈钢板上(该板可从箱内取出)。样品处理部件与安装板的连接方式采用螺栓和螺母固定,螺母应焊在板上。进出样品处理箱的管子均采用穿板接头紧固。

样品处理器箱垂直安装在分析小屋外墙上或取样点近旁。

6.7 电伴热管缆　Electric Trace Tubing Bundle

数量:1 020 m

厂家:××

型号:××

技术规格:1/4 in 外径 ×0.035 in 壁厚 316SS Tube 样品管线;16.4 W/m,220 VAC 供电高温型自调控电伴热带;带玻璃纤维保温层和阻燃型 PVC 外护套。维持样品温度为 40 ℃ (在 −26 ℃ 低温环境下仍能保持上述温度)。

7.0 **分析小屋**　Analyzer House

7.1 结构　Construction

外形尺寸:

分析小屋:6 500 mm(L) ×2 500 mm(W) ×2 700 mm(H),室内净高 2 500 mm

样品处理间:6 500 mm(L) ×2 000 mm(W) ×2 500 mm(H),室内净高 2 300 mm

小屋为型钢焊接框架式结构,双层墙夹层设计。机械强度应满足起吊、拖运、运输及支撑墙面安装设备的要求,内外墙负载能力为 500 kg/m^2,屋顶最小承受力为 250 kg/ m^2。

内外墙及屋顶:由 π 形钢板拼装铆接而成。外墙和房顶采用 1.5 mm 厚不锈钢板。内墙和顶棚采用 1.5 mm 厚镀锌钢板,表面喷涂白色环氧树脂漆。墙厚 75 mm,内外墙及屋顶和顶棚之间充填 70 mm 厚阻燃型保温材料。

门:分析小屋有 2 个门(主门和应急门),样品处理间有 1 个门。门为外开型,净尺寸为 900 mm(W) ×2 000 mm(H),材质为不锈钢板,铰链和螺钉为不锈钢材质。门上开有一个 400 mm ×400 mm 安全玻璃观察窗,带阻尼限位闭门器和推杆式逃生锁,门外有孔锁及把手,门框边缘镶有橡胶密封条。

地板:4.5 mm 厚花纹钢板

底座:12#~20#槽钢和工字钢

为方便小屋的吊运,小屋屋顶带有起重用的吊耳。

小屋外部钢瓶安放和接线箱及各种手动开关安装位置顶部有向外延伸 800 mm 的防雨檐,材质为不锈钢板,起挡雨和遮阳作用。

小屋外面设有气瓶固定支架和气瓶护栏。

小屋密闭、防雨、防尘、隔热,外壳防护等级为 IP54。

7.2 公用工程设备　Utility Equipment

a. 防爆电源接线箱:4 个

安装在分析小屋外墙,用于 UPS、工业电源、HVAC 和电伴热电源接线。

b. 防爆电源分配箱:4 个

安装在分析小屋内墙,共约 55 个供电回路和 5 个备用回路,每个回路均配有电源开关和空气断路器,每个配电箱有 1 个电源总开关。

c. 防爆荧光灯(40W×2):5 个

(室内工作面照度为 500 lx)

防爆应急灯(40W×2):2 个

(带逆变器和蓄电池,停电备用时间 30 min)

灯开关:3 个

d. 防爆维修电源插座:2 个

e. 防爆轴流风机(用于样品处理间):2 个

风机开关:1 个

7.3 HVAC 系统　HVAC System

HVAC 系统(加热、通风、空调系统)由 HVAC 机组、风筒组件和自重式百叶窗组成。

The HVAC system (Heating, ventilation and air condition system) consists of HCAC unit, air duct assembly and self-weight shutters.

7.3.1 HVAC 机组　HVAC Unit:1 套

制造厂家 Manufacturer:××

型号 Model:××

制冷量 Cooling capacity:8 kW

加热量 Heating capacity:12 kW

供风量 Supply air flow:1 450 L/h(带空气流量检测 with air flow detection)

空气置换速率 changes of fresh air:10 次/h sized for 10 changes per hour

小屋内正压 Positive pressure within AH:50 Pa(G)

小屋内温度 Temperature within AH:(20±5)℃(带温控开关 with adjustable thermostat)

供电 Power supply:

主机 main:380 VAC,50 Hz

控制盘 Control:220 VAC,50 Hz

防爆等级 Explosion proof classification:IEC Zone 2,ⅡBT3

环境温度 Ambient temperature:可在 -26 ℃ 低温下正常操作 rated for operation in ambient temperature down to -26 ℃

7.3.2 风筒组件　Air Ducts Assembly:1 套

新鲜空气从安全区引入,风筒入口处装防风雨帽,金属丝网(防鸟类或异物)和过滤器。吹扫风筒安装在分析小屋顶部,带多个喷嘴。

风筒尺寸:DN 150 导管或 300 mm×300 mm 风道

材料:镀锌钢管或钢板

7.3.3 自重式百叶窗 Self-weight Shutter(Barometric Damper):2 扇

用于控制空气排放和维持小屋内微正压。材料:不锈钢。

7.4 安全检测报警系统 Safety Monitoring and Alarm System

a. 可燃气体(H_2)检测器 Combustible gas (hydrogen) detector:1 个

b. 可燃气体(HC)检测器 Combustible gas (hydrocarbon) detector:1 个

c. 缺氧检测器 Oxygen deficiency detector:1 个

d. 有毒气体检测器 Toxic gas detector:1 个

e. 火灾烟雾检测器 Fire and smog detector:1 个

f. 闪光报警灯(红色)Alarm flashing lamp (red):2 个

g. 闪光报警灯(黄色)Alarm flashing lamp (yellow):2 个

h. 警笛 Alarm horn:2 个

i. 防爆电话 Ex. Telephone:1 个

j. 防爆报警控制箱 Ex. Alarm control panel:1 个

包括:电源指示灯(白色),安全状态指示灯(绿色),预报警指示灯(黄色),报警指示灯(红色),试验按钮,消音按钮,复位按钮,紧急报警按钮。

报警系统由可编程序控制器进行控制,报警设定点见报警表。

7.5 配管、配线 Tubing and Piping, Wiring

7.5.1 配管 Tubing and Piping

a. 样品、载气、标气管线

1/4 in OD Tube,316 SS,双卡套接头连接,穿墙时采用穿板接头固定。

b. 仪表空气管线

仪表空气总管为 1 in 镀锌钢管,支管为 3/8 in OD Tube,304 SS。总管入口装有两套并联的过滤器减压阀,一备一用。

c. 快速回路总管:1 – 1/2 in 碳钢管

d. 安全阀总管:1 – 1/2 in 碳钢管

e. 大气排放总管:1 – 1/2 in 碳钢管,带阻火器

f. 低压蒸汽管线:3/4 in 304SS 不锈钢管

7.5.2 配线 Wiring

a. 防爆信号接线箱:4 个

其中,4 ~ 20 mA 信号接线箱 2 个;接点信号接线箱 1 个;通信信号接线箱 1 个;每个接线箱均留有 15% 备用端子。

b. 信号线

采用阻燃型屏蔽软电缆,聚乙烯绝缘,聚氯乙烯护套。

线芯标称截面积:4 ~ 20 mA;信号:0.75 mm^2;接点信号:1.0 mm^2;通信信号:2.5 mm^2 对绞线(也可采用同轴电缆)。

c. 电源线

采用阻燃型铜芯绝缘电缆。

线芯标称截面:

分析仪电源线:大于 2.5 mm^2;公用设备电源线:大于 3.5 mm^2。

d. 接地系统

保护接地在分析小屋进行,屏蔽接地和工作接地在控制室进行。

保护接地线规格为:

接地支线:铜芯绝缘电线,2.5~4 mm^2;接地干线:铜芯绝缘电线,16~25 mm^2。

e. 电缆、电线敷设方式

信号电缆:电缆桥架,材料为不锈钢

电源线:穿线管,材料为镀锌钢管

7.6 标识　Labeling

a. 每个分析小屋的主门上方设有不锈钢铭牌,标明小屋编号和其中分析仪位号。

b. 每台分析仪有一个单独的铭牌,标明其位号和用途。

c. 每个样品处理箱有一个单独的铭牌,标明其相对应的分析仪位号和流路识别号。

d. 样品处理系统的主要部件加有标记。阀和处理容器以其功能标注,安全阀、限流阀、流量计应标明其设定值。加热系统铭牌标注正常操作温度。

e. 管线进出小屋的穿板接头处,进出分析仪和样品处理箱的接管口处,均应标明其流路号或介质名称,并应标注流动方向。

f. 主要电气设备、每个接线箱、配电箱均应有单独的铭牌,标明其编号和/或用途。电线、电缆应打印线号,接线端子应加识别标记。

g. 高温高压源、有毒或窒息性气体源应有警告牌。

h. 室外铭牌应采用不锈钢材料,蚀刻工艺,一般用途刻黑字,示警用途刻红字。用不锈钢螺丝或铆钉固定。

室内铭牌可采用层压塑料,一般用途白底黑字,示警用途红底白字。用不锈钢螺丝固定(但主要仪表、设备应采用不锈钢铭牌)。

8.0 辅助气体和附属设备　Auxiliary Gas and Accessories

8.1 载气　Carrier Gas

a. H$_2$(99.995%):4 瓶

b. N$_2$(99.995%):4 瓶

40L 钢瓶,带双级减压阀和压力表。

40L steel cylinder , complete with two stage pressure reducer and gauge.

8.2 标准气体　Calibration Gas

a. 色谱仪标气 Calibration gas for chromatograph:6 瓶

b. 红外和氧分析仪量程气 Span gas for IR and O$_2$ Analyzers:6 瓶

c. 红外和氧分析仪零点气 Zero gas of IR and O$_2$ Analyzers:6 瓶

8L 铝合金瓶,带双级减压阀和压力表。

8L aluminum alloy cylinder , complete with two stage pressure reducer and gauge.

8.3 附属设备　Accessories

a. 载气除湿器 Dehumidifier for carrier gas：6 个

b. 助燃空气净化器（FID 用）Zero air generator for FID（Balston）：3 个

c. 工作台 Work desk：1 个

d. 储藏柜 Storage cabinet：1 个

e. 洗手池 Sink：1 个

9.0 验收测试　Instruction and Test

9.1 工厂验收测试　Factory Acceptance Test（FAT）

工厂验收测试在卖方工厂进行，买方技术人员亲自参加。检验测试项目和程序由卖方于 FAT 前提交买方批准认可。在 FAT 期间，卖方为买方参加人员免费提供旅馆到工厂的交通、工作午餐、通信和工作条件。

地点、时间、买方参加人数。

9.2 现场验收测试　Site Acceptance Test（SAT）

工厂验收测试通过过后，卖方将全部设备包装发运到达现场。卖方负责开车前的现场调试和开车投运，系统投运连续无故障运行 72 小时后，现场验收测试可视为通过。在此期间内，不发生系统故障，买方即应签字验收。如发生故障或需要对系统进行维修，则应重新开始另外一个 72 小时的连续测试周期。

10.0 质量保证　Quality Guarantee

10.1 质量保证期　The Mechanical Guarantee Period

质保期为现场交货后 18 个月或系统投运正常后 12 个月，二者以先到时间为准。

10.2 性能保证　Performance Guarantee

卖方提供的系统是先进、可靠、有效和完备的。技术规格不低于买方询价文件的要求。在质保期内，卖方负责更换有故障的部分和元件。

11.0 技术服务　Technical Service

11.1 培训　Training

系统投运前，卖方将免费提供人员培训，课程有关分析仪系统的基本知识、操作、维护和故障处理等。学员食宿自理。

时间：待定

地点：待定

人员：3 人

期限：5 天

11.2 安装指导　Supervision of Installation

卖方将派 2 名工程师前往现场进行安装指导，并负责系统的第一次通电及分析仪安装后的调整。在现场工作时间为 2×5 个工作日。买方应提前 2 周书面通知卖方派人事宜。

11.3 开车投运　Star-up of System

卖方将派两名工程师前往现场进行分析仪系统的开车投运，在现场工作时间为 2×5 个工作日。买方应提前两周书面通知派人事宜。

12.0 **文件资料** Documentation

12.1 开工会文件 Documentation for KOM

开工会于商务合同签署之后四周内举行,卖方提交下述文件供买方确认。

a. 项目进度表 Schedule of project

b. 分析小屋布置详图 Analyzer house arrangement details

c. 分析小屋基础详图 Analyzer house foundation details

d. 分析小屋外部接管、接线图 Piping ,tubing and wiring diagrams outside analyzer house

e. 公用工程规格 Utilities specifications

f. 取样探头、减压站安装图 Installation diagram for the sampling probe and pressure reducing station

g. 红外和氧分析仪机柜安装图 Installation diagram for the cabinet of IR and Oxygen analyzers

h. 通信系统有关图纸 Related drawings of communication system

i. 其他文件 Other documents

12.2 交工文件 Final Documentation

交工文件如下,数量6份,包括2份电子文档。

Documentation to be provided finally as following. Quantity：6 sets, including 2 sets electronical copy.

a. 分析仪系统概述 Analyzer system overviews

b. 分析仪数据表 Analyzer data sheet

c. 分析小屋布置图(包括平面布置图、内外墙8个面的视图)

Analyzer house layouts (Including：Plot arrangements plan, interior/exterior wall 8 sides views plan. fresh air intake stack and ducts)

d. 分析小屋基础详图 Analyzer house foundation details

e. 现场分析仪柜布置图 Filed analyzer cabinet layouts

f. 取样探头详图 Sampling probe details

g. 样品系统图(包括取样探头、样品处理系统、分析仪、样品传输管线、放空和排液管线、标定系统等)

Sample system diagrams(Including: sampling probe, sample conditioning system, analyzer, sample transportation lines, vent lines, drain lines and calibration systems.)

h. 电气系统图(包括电气设备和线路走向)

Electric system overviews(Including :electric equipment and lines direction)

i. 公用工程流路图(包括仪表空气、N_2、低压蒸汽、水等)

Utilities flow diagrams(Including: instrument air, N_2, low pressure steam, water etc.)

j. 接线图(包括配电和接地、分析仪系统、分析小屋外部)

Wiring diagrams(Including: power distribution and grounding, analyzer system, outside analyzer house.)

k. 接管图(包括样品管线、标气、载气管线、仪表空气管线、伴热管线)

Piping diagrams(Including：sample，calibrations gas，carrier gas，instrument air and heating trace. Tubing，Piping.)

l. 安保系统逻辑图 Safeguard system logic diagram

m. 安保系统功能说明 Safeguard system functional descriptions

n. 分析仪技术规格和图纸 Analyzer specifications and drawing

o. 安装、操作、维护手册 Manual of installation，operation and maintenance

p. 部件和材料清单 Bill of materials

q. HVAC 系统计算书 HVAC system calculations

r. 样品系统滞后时间计算书 Sample system design calculations

6.2.2　交工图纸示例

下面给出分析小屋和分析仪系统的部分交工图纸作为示例,仅供参考。需要说明的是,各张图纸并非取自同一工程项目,相互之间无必然联系。

(1)符号与图例

(2)分析小屋平面布置图

(3)分析小屋外墙面布置图

(4)分析小屋外墙第 2 面布置图

(5)分析小屋内墙面布置图

(6)分析小屋结构图 1

(7)分析小屋结构图 2

(8)分析小屋房顶结构图

(9)分析小屋地坪图

(10)分析小屋公用电源分配图

(11)分析小屋仪表电源分配图

(12)分析小屋报警系统图

(13)色谱仪系统接线图

(14)红外分析仪系统接线图

(15)氢分析仪系统接线图

(16)模拟信号接线箱 JB1 接线图

(17)接点信号接线箱 JB2 接线图

(18)报警信号接线箱 JB3 接线图

(19)电源接线箱 JB4 接线图

(20)色谱仪样品处理和流路切换系统图 1

(21)色谱仪样品处理和流路切换系统图 2

(22)色谱仪载气供给系统切换方式图

(23)取样探头图

(24)样品前级减压站图

参考文献

［1］王森. 在线分析仪器手册［M］. 北京:化学工业出版社,2008.

［2］高喜奎. 在线分析系统工程技术［M］. 北京:化学工业出版社, 2014.

［3］金义忠, 曹以刚, 杨支明,等. 气样处理系统技术应用及发展综论［J］. 分析仪器, 2008(6):46-53.

［4］梅青平,金义忠,李太福,等. 在线分析样品处理系统技术创新发展综论［J］. 自动化仪表, 2018, 39(2):63-68.

［5］王森,符青灵. 仪表工试题集:在线分析仪表分册［M］. 北京:化学工业出版社,2006.

［6］刘庆华. 在线分析仪表在工程应用中存在的问题及解决方案［J］. 石油化工自动化, 2009, 45(6):63-65.

［7］赵亦林. 在线分析仪表应用问题及应对措施探究［J］. 中国高新技术企业, 2016(29):70-71.

［8］刘庆彬. 乙烯装置中在线分析仪表的设计改进［J］. 仪器仪表用户, 2012, 19(3):50-52.

［9］胡雪蛟, 莫小宝, 青绍学,等. 天然气中硫化氢的激光吸收光谱法在线分析［J］. 天然气工业, 2015, 35(6):99-103.

［10］姚虎卿,管国锋. 化工辞典［M］. 5 版. 北京:化学工业出版社,2014.

［11］彭守泉, 李新平, 杨立青,等. 在线分析小屋设计安装注意的问题及国产 HVAG 系统在分析小屋的成功应用［J］. 化工自动化及仪表, 2011, 38(4):481-484.

［12］杨永龙, 曹旭鹏, 李清玲,等. 原位处理法在线分析系统的研究与实践［J］. 分析仪器, 2016(2):63-68.

［13］Stalling D L ,Saim S , Kuo K C , et al. Integrated Sample Processing by On-Line Supercritical Fluid Extraction—Gel Permeation Chromatography［J］. Journal of Chromatographic Science, 1992, 30(12):486-490.

［14］Zhao X G, Zhou Y, Zhao J Y. Application of Fuzzy Analytic Hierarchy Process in Selection of Electrical Heat Tracing Elements in Oil Pipelines［J］. Applied Mechanics & Materials, 2013, 367:452-456.

［15］汪婷, 王海峰, 黄星亮,等. 天然气水露点测量技术研究进展［J］. 计量技术, 2017(5):24-27.

［16］刘鸿，杨建明，卢勇，等．激光吸收光谱技术在天然气水分测试中的应用［J］．天然气工业，2010，30（8）：87-89．

［17］林增强．天然气长输管道水露点偏高的危害及处置措施［J］．石化技术，2017，24（5）：183．

［18］全国电工术语标准化技术委员会．电工术语 爆炸性电气环境用电气设备：GB/T 2900.35—2008［S］．北京：中国标准出版社，2009．

［19］中国石油化工集团公司．石油化工仪表及管道伴热和隔热设计规范：SH/T 3126—2013［S］．北京：中国石化出版社，2014．

［20］SH/T3174-2013，石油化工在线分析仪系统设计规范［S］．北京：中国石化出版社，2013．

［21］Explosive atmospheres-Part13：Equipment protection by pressurized room "p" and artificially ventilated room "v"：IEC 60079-13：2010［S］．International Electrotechnical Commission，2010．

［22］全国工业过程测量控制和自动化标准化技术委员会．在线分析仪器系统通用规范：GB/T 34042—2017［S］．北京：中国标准出版社，2017．

［23］吴文瑞．在线分析器样品预处理系统的设计及应用［J］．小氮肥，2014，42（8）：20-22．